野鸟

禽免疫抑制病流行病学调查及REV致病机制研究

◎ 姜莉莉　张厚锋　著

中国农业科学技术出版社

图书在版编目（CIP）数据

野鸟禽免疫抑制病流行病学调查及 REV 致病机制研究／姜莉莉，张厚锋著 . —北京：中国农业科学技术出版社，2018.10
ISBN 978-7-5116-3769-7

Ⅰ.①野… Ⅱ.①姜… ②张… Ⅲ.①野禽-禽病-流行病学-研究 Ⅳ.①S851.3

中国版本图书馆 CIP 数据核字（2018）第 259854 号

基金支持：国家自然科学基金青年基金项目（31402170）；山东省自然科学基金面上项目（ZR2017MC055）；山东省高等学校科技计划一般项目（J17KA126）；菏泽学院博士启动基金（XY16BS09）；国家大学生创新创业训练计划项目（201710455149，201710455158）。

责任编辑	闫庆健　王思文
文字加工	段道怀
责任校对	李向荣

出 版 者	中国农业科学技术出版社
	北京市中关村南大街 12 号　邮编：100081
电　　话	（010）82106632（编辑室）　（010）82109702（发行部）
	（010）82109709（读者服务部）
传　　真	（010）82106650
网　　址	http://www.castp.cn
经 销 者	各地新华书店
印 刷 者	北京建宏印刷有限公司
开　　本	850mm×1 168mm　1/32
印　　张	4.875
字　　数	117 千字
版　　次	2018 年 10 月第 1 版　2018 年 10 月第 1 次印刷
定　　价	20.00 元

摘　要

近年来，禽网状内皮组织增生症病毒（Reticuloendotheliosis virus，REV）与J-亚群禽白血病病毒（Avian Leukosis virus subgroup J，ALV-J）、鸡传染性贫血病毒（Chicken infectious anemia virus，CAV）和马立克氏病病毒（Marek's disease virus，MDV）等免疫抑制性病毒的混合感染在养鸡场中普遍存在，使得鸡群免疫力低下，导致针对禽流感、新城疫等重要疫病的疫苗免疫失败，并容易造成继发感染，使疫病的诊断和防控难度加大。其中，有三大病毒性肿瘤病之称的禽白血病（AL）、禽网状内皮组织增生症（RE）和马立克氏病（MD）对禽类健康的危害甚为严重。针对上述病原的分子流行病学研究主要集中于家禽和水禽，很少有关野生鸟类的调查报道，且目前对野生鸟类携带病原的研究主要集中在禽流感病毒和新城疫病毒，国内外尚未见有关野生鸟类禽免疫抑制病病原的流行病学调查报道。野生鸟类作为许多病原携带者和自然宿主，可潜在传播人和动物的重要传染病。随着候鸟的迁徙，携带某些病毒的候鸟可能会将病毒传播到不同的地方而导致疾病的暴发和流行。因此，对野生鸟类进行常见病原的流行病学监测，具有重要的指示意义。为研究野生鸟类感染或携带禽免疫抑制病病原情况，笔者研究对2010年5月至2012年11月收集自东北三省部分地区的野生鸟类样品进行了几种常见禽免疫抑制病病原的分离鉴定及流行情况分析。样品来自于我国东北地区鸟类环雏站和野生动物疫源疫病监测站，共收集野生鸟类样品916份，其中野鸭样品581份；鸟类样品以雀形目的小型鸟为主，共 335 份。一方面进行了病毒的分离鉴定，调查了几种病原的感染流行情况；另一方面选取有代表性的毒株进行了基因克隆和分子遗传特征分析。

1. 东北地区野生鸟类几种常见禽免疫抑制病病原 PCR 检测

常规方法提取野鸟样品的 DNA 和 RNA，用针对以下几种禽免疫抑制病病原的特异性 PCR 检测方法进行野鸟带毒情况初检。REV，ALV - A（Avian Leukosis virus subgroup A），ALV - B（Avian Leukosis virus subgroup B），ALV - J，CAV，MDV，禽传染性法氏囊病病毒（IBDV）以及禽呼肠孤病毒（Avian reovirus, ARV）。实验结果表明，野鸟存在 REV、ALV - A、ALV - B、ALV-J 以及 CAV 的感染。部分样品检测，没有发现 MDV、IBDV 和 ARV 的感染。所有野生鸟类样品的 REV PCR 阳性检出率为10.7%，其中野鸭阳性率为 13.1%，小型鸟阳性率为 6.6%；CAV PCR 阳性检出率为 4.1%；ALV - A PCR 阳性检出率为4.35%；ALV-B PCR 阳性检出率为 6.4%；ALV-JPCR 阳性检出率为 6.8%；野生鸟类 REV、ALV-A、ALV-B 和 ALV-J 携带情况不具明显的季节性，不同种类野鸟的 REV 和 ALV-J 阳性检出率有一定差别。其中野鸭 REV 以针尾鸭阳性检出率最高，小型鸟中以长尾雀阳性检出率最高；ALV-J 以凤头潜鸭阳性检出率最高，小型鸟以红胁蓝尾鸲阳性检出率最高。

2. 东北地区野鸟源 REV 的分离鉴定及 *gp90* 基因遗传演化分析

将用 REV PCR 检测引物初筛为阳性的病料经适当处理后接种敏感细胞 DF1 培养增殖，进行病毒的分离。经特异性 PCR 和间接免疫荧光方法（IFA）鉴定，以及电镜检测，确定共分离到10 株野鸟源 REV，其中 2 株来源于小型鸟，其余 8 株分离自野鸭。对鉴定为阳性的 REV 分离株，对其保护性抗原基因 *gp90* 基因进行克隆和序列测定，与 GenBank 上已发表的 REV 参考株进

行序列比对和分析。测序结果显示 10 株分离株的 *gp90* 大小为 1 191bp，编码了 397 个氨基酸；序列分析结果显示：10 个 REV 分离株 *gp90* 基因氨基酸序列相似性为 92.4%~100%；核苷酸遗传进化分析表明，所比对的序列明显地分 3 个分枝，每个分枝代表 REV 的 3 个不同亚型；10 个野鸟源 REV 分离株与现有的东北分离株亲缘关系较近，位于同一分枝，趋于形成 1 个北方分离群；与美国和中国台湾地区的某些分离株同源性较高。与 170A 株和我国早期南方分离株 HA9901 亲缘关系较远；与 SNV 株亲缘关系最远。结果说明我国存在 I、Ⅲ 这 2 种亚型的 REV，Ⅲ型是目前东北地区的家禽流行毒株，野鸟存在 REV 感染，且以Ⅲ型 REV 为主导。该研究首次自野鸟体内分离到 REV，证明 REV 可感染野生鸟类。该研究结果既丰富了 REV 流行病学资料，同时也提醒我们重视野生鸟类迁徙在疾病传播中所扮演的角色，为深入研究 REV 致病机制、免疫抑制机制等奠定基础。

以提取的 DBYR1102 前病毒 cDNA 为模板，分段克隆 DB-YR1102 基因组，并进行测序分析。结果显示，*DBYR1102pol* 基因最保守，*gag*、*pol* 和 *env* 基因氨基酸序列与中国北方禽源分离株相似性较高，属于Ⅲ型 REV。

3. 东北地区野鸟源 ALV-J 分离鉴定及 *gp85* 基因遗传演化分析

通过特异性 PCR、间接 ELISA 抗原检测和 IFA 等方法，确定共分离到 6 株野鸟源 ALV-J，其中 4 株来自野鸭，2 株来源于野生小鸟。克隆 6 个野鸟源 ALV-J 分离株的主要保护性抗原基因 *gp85*，并进行序列比对和遗传进化分析，结果发现野鸟源 ALV-J 分离株 *gp85* 基因 ORF 为 921~924bp，分别编码 307 和 308 个氨基酸。各毒株 *gp85* 基因编码氨基酸序列同源性为 81.2%~99.7%。毒株 DBYJ1102，DBYJ1103，DBYJ1004 和 DBYJ106 之间表现出高度的序列相似性，与近几年 ALV-J 蛋鸡分离株的推导氨基酸序列同源性较高，进化树显示处于同一分支，被称为 I 群；而毒株 DBYJ1101 和 DBYJ1105 之间相似性较高，与原型株 HPRS-103、美国代表毒株 UD5 以及大多数的肉鸡分离株的推导氨基酸序列表现出较高的同源性，共处于同一分支，被称为 II 群。以上结果表明，6 株 ALV-J 野鸟分离株 *gp85* 基因变异较大，其中两株与 ALV-J 英国肉鸡原型毒株 HPRS-103 株亲缘关系较近，另外 4 株与中国近几年蛋鸡分离株亲缘关系较近。提示野鸟毒株的遗传演化变异。

4. REV *p30* 蛋白的表达、纯化及间接 ELISA 检测方法的初步建立

扩增 REV *p30* 基因，将其克隆至原核表达载体 pET-30a（+）中，构建原核表达质粒 pET30-*p30*，转化 BL21（DE3）感受态细胞，经 IPTG 诱导，通过 Western blot 检测，*p30* 蛋白在表达上清中呈可溶性表达。利用 Ni-NTA His Bind Resin 纯化重组蛋白，并用蔗糖浓缩重组蛋白，免疫新西兰白兔，制备兔抗 *p30* 多抗。SDS-PAGE 及 western blot 结果表明，*p30* 蛋白获得正确表达，表达产物具有良好免疫原性。制备的多克隆抗体的效价约为 1∶25 600，以纯化的重组蛋白作为包被抗原，在包被量为 3.2 μg/孔、血清 1∶250 倍稀释条件下，P/N 值最大，初步建立了 REV 抗体间接 ELISA 检测方法。该研究为 REV 的检测及 *p30* 基因的深入研究奠定了基础。

5. 酵母双杂交筛选与 REV 聚合酶 PR 相互作用的宿主蛋白

研究与 REV 相互作用的宿主细胞蛋白对研究 PR 蛋白的功能、REV 致病性以及感染机制等方面具有重要意义。此项研究以 REV PR 为诱饵蛋白，利用酵母双杂交系统从笔者的实验室构建的鸡胚成纤维细胞（chicken embryo fibroblast，CEF）cDNA 酵母表达文库中筛选得到与 REV 聚合酶 PR 相互作用的宿主细胞蛋白，并通过酵母回返验证实验，证明了 PR 与 Snapin 在酵母细

胞中存在相互作用。本实验构建了 pGBKT7-PR 酵母双杂交诱饵质粒，转化酵母菌，结果表明诱饵质粒没有自激活活性和毒性。用诱饵质粒筛选 CEF cDNA 文库，通过对阳性文库质粒插入片段测序分析，得到与 PR 相互作用的宿主蛋白 ATP1B1 和 Snapin。已有研究表明 Snapin 蛋白参与细胞多种生化过程，并能发挥抗病毒作用。利用酵母菌 Y2H 进行回返验证，结果表明在酵母系统中，Snapin 和 PR 存在相互作用。从 CEF 细胞成功扩增 Snapin 的基因，构建了带有 Flag 标签的 pCAGGS-Snapin 真核表达载体和带有 HA 标签的 pCAGGS-PR 真核表达载体。以上结果不仅为进一步通过免疫共沉淀（coimmunoprecipitation，Co-IP）验证 PR 和 Snapin 的相互作用提供了依据。同时为深入研究 REV 与宿主相互作用奠定了基础。

关键词　野生鸟类；网状内皮组织增生症病毒（REV）；禽白血病病毒 J 亚群（ALV-J）；流行病学；PR；酵母双杂交

目　　录

概　述

一、禽免疫抑制病

禽免疫抑制病是由不同病原引起的且损害禽免疫器官，显著降低家禽细胞免疫和体液免疫功能的一类疾病。常见的禽免疫抑制病病原包括 IBDV、MDV、ALV、REV、CAV 和 ARV[1-2]。网状内皮组织增生症（Reticuloendotheliosis，RE）是禽常见的传染性肿瘤病和免疫抑制病，是由 REV 感染引起的以急性网状细胞增生、发育迟缓、淋巴组织和其他组织的慢性肿瘤形成为特征的一群病理综合征[3-4]。近年来，我国鸡群中 REV 的血清抗体阳性率逐渐增高[5-7]，混合感染也比较普遍[6-9]，在鸡群中造成的危害正日趋严重，给我国养禽业的健康发展造成了巨大的挑战。目前针对 RE 没有切实可行的治疗措施，也没有商品化疫苗可供免疫。且由于该病发病过程缺乏典型的临床症状，使得该病在相当长时间内未得到广泛关注。J 亚群禽白血病（Avian Leukosis subgroup J）是由 ALV-J 引起的一种以生长抑制和髓细胞瘤变为特点的传染性致骨髓瘤疾病或成髓性白血病[10]。自 20 世纪 80 年代发现以来，ALV-J 已在肉鸡中大范围流行[11]，给肉鸡养殖业造成巨大经济损失[12-13]。近年来我国鸡群出现 ALV-J 感染病例的报道不断增加[14-21]；肿瘤类型增多，呈多样化，甚至同一鸡群或个体出现多肿瘤同时发生的现象[22-26]。感染的宿主范围逐步扩大，已由最初肉用鸡感染传播向蛋鸡以及中国的许多地方品种鸡发展[29-30]，成为威胁中国养鸡业的严重问题。

禽白血病（AL）、禽网状内皮组织增生症（RE）和马立克氏病（Marek's disease，MD）作为三种主要的禽免疫抑制性肿瘤病对禽类健康的危害甚为严重。针对上述病原的分子流行病学研究主要集中于家禽和水禽，很少有关野生鸟类的调查报道。野生鸟类作为许多病原携带者和自然宿主，可潜在传播人和动物的重要传染病[31-33]。随着候鸟的迁徙，携带某些病毒的候鸟可能会将病毒传播到不同的地方而导致疾病的暴发和流行。因此，对野生鸟类进行常见病原的分子流行病学监测，具有重要的指示意义。

二、REV 病原学、分子病毒学及其流行

（一）病原学

REV 属于反转录病毒科，哺乳动物 C 型反转录病毒亚科，γ 逆转录病毒属，网状内皮组织增生症病毒群[34]。其中包括一群分离自不同家禽和野鸟，血清学上呈密切相关性的病毒。REV 可感染多种家禽和野鸟，不同禽类呈现生长迟缓、免疫抑制综合征或肿瘤等不同表现。REV 主要侵害火鸡，引起以淋巴-网状细胞增生为特征的肿瘤性疾病。REV-T 株于 1958 年首次分离自患有内脏淋巴瘤的火鸡[35]，其对一些禽类有急性致瘤作用[36]，并根据主要的肿瘤病变细胞，将该病称为"网状内皮组织增生症"。此后，世界上多个国家分离到不同的 REV 毒株：REV、鸡合胞体病毒（Chicken syncytia virus，CSV）[37]和鸭脾坏死病毒（Spleen necrosis virus，SNV）[38-41]。以上病毒统称为禽网状内皮组织增生症病毒群。根据病毒复制特性，REV 病毒群可分为完全复制型 A 株（REV-A）[42]和复制缺陷型 T 株（REV-T）[43]，REV-A 基因组大约为 8.2kb，但 REV-T 基因组仅 5.7kb 左右，具急性致肿瘤性，二者差别的主要原因是 REV-T 部分 *gag* 基因、

全部 *pol* 基因和部分 *env* 基因被 0.8~1.5kb 的肿瘤基因 *c-rel* 取代[44]。1988 年何宏虎[45]等用鸡胚成纤维细胞（CEF）分离出我国第一株 REV，命名为 REV-C45 株，随后其他地区陆续有 REV 感染的报道。REV 只有一个血清型。除 REV-T 株外，不同毒株间具有相似的结构和化学特性。通过 REV 特异性单克隆抗体介导的 IFA 实验及中和试验反应的差异，REV 被分为三种亚型：Ⅰ、Ⅱ和Ⅲ型，代表毒株分别为：170A、SNV 和 CSV[46-47]。近些年来，美国、中国台湾等地区流行的 REV 以Ⅲ型为主[48-51]。

REV 在形态学、免疫学和结构上与同属的禽白血病病毒有明显差异。截至目前，REV 不同分离株在核酸序列、基因组结构、形态和抗原性等方面未发现明显变异[52]。REV 病毒粒子呈球形，直径大约 100nm，大小与禽白血病病毒粒子相似，有囊膜，表面突起[53]。核心有链状或假螺旋状结构，病毒粒子在蔗糖密度梯度中的浮密度为 1.16~1.18g/mL[54]，在氯化铯密度梯度中的浮密度为 1.20~1.22 g/mL。病毒以出芽方式从感染细胞的细胞膜释放。REV 在 4℃ 相对稳定，-70℃ 保存可长期存活，37℃20min 失活 50%，1 h 后感染性丧失 99%。REV 对乙醚敏感，pH 值>6.5 或 pH 值<5.6 时快速失活，0.5% 的氯仿也能灭活 REV。

（二）基因结构及编码蛋白

REV 为双倍体单股正链 RNA 病毒[55]，长度约 9kb，有 2 条完全相同的 RNA 分子在 5 端以非共价键连接。具有 5-甲基化帽子结构（$m^7GpppGmp$）和 3-poly（A）尾巴。其基因组 RNA 的两端为非编码区，中间为编码区。REV 基因组有两个开放阅读框，有 3 个主要编码基因：衣壳蛋白基因（*gag*）、聚合酶基因（*pol*）和囊膜蛋白基因（*env*），主要编码 *gag*、*pol* 和 *env* 三种结构蛋白。病毒两端是非编码区，有长末端重复序列（long terminal regions，LTRs）[56-57] 及 5′或 3′端独特序列。LTRs 由 569bp 组成[58-59]，是很多种细胞中的高效启动子[60-61]。REV-T 株 env 区含有一个 0.8~1.5 kb 的具有转化致瘤作用的替代片段 V-rel 基因[62-64]，编码 V-rel 蛋白，具有 DNA 结合转录因子功能，能够诱导转化细胞，与 REV-T 株的急性致瘤作用有关[50]。REV-A 基因组 RNA 的结构是：5′-R-U5-PBS-Leader-gag-pol-env-ppt-U3-R-poly（A）-3'[65]（图 1）。

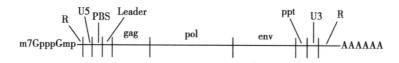

图 1　REV 基因组结构模式

Fig. 1　Genome structure of REV

gag 是 REV 核心蛋白，在自身蛋白酶作用下可裂解为 p10、p12、p18、p30 和 p20 共 5 个成熟结构蛋白[66]；p30 蛋白为 REV 主要的群特异性抗原，具有辅助病毒粒子装配的作用，pol 蛋白具有聚合酶、反转录酶、整合酶等活性；env 基因编码囊膜蛋白，与宿主嗜性相关[67]，可被裂解为 gp90 和 gp20，gp20 为穿膜蛋白（TM），跨越病毒的囊膜；gp90 为表面蛋白（SU），位于病毒囊膜或感染细胞细胞膜的表面，通过氢键和二硫键与 TM 相连，具有型特异性，主要引发宿主产生免疫反应，为 REV 重要的免疫原性蛋白，能有效诱导免疫鸡群产生保护性免疫应答反应[68]。pol 基因编码 REV 的功能性蛋白，包括反转录酶及其衍生的蛋白酶和整合酶等。

与其他反转录病毒一样，REV 病毒进入宿主细胞后，其正链单股 RNA 在病毒自身反转录酶作用下反转录为前病毒 cDNA，在病毒整合酶的作用下整合进细胞染色体基因组中，反转录生成新的病毒基因组 RNA，这是 REV 复制的前提。已有研究表明

REV 前病毒基因组整合到马立克氏病毒[69]和禽痘病毒[70]基因组中的研究报道。插入部分可能是单一的 LTR[71]，或是近乎全长的 REV 前病毒[72]。

（三）流行病学

REV 宿主范围较广，自然宿主包括火鸡[73]、鸡、鸭、鹅、鹌鹑、雉、珍珠鸡、孔雀、鹧鸪和草原榛鸡[74-82]。火鸡最易感染，鸡和火鸡是常用的实验宿主。REV 一般感染低日龄鸡，特别是新孵的雏鸡，而日龄大的鸡免疫机能相对完善，感染后不出现一过性病毒血症。除鸡胚成纤维细胞外，鸡肾细胞，某些哺乳动物细胞也能感染 REV。REV-A 可在鸡胚成纤维细胞（CEF）上增殖，感染后 2~4d 产生游离的病毒颗粒[83-85]，在 REV 体外培养物中可见合胞体细胞形成[86-87]。REV-A 还能在 Cf2th 犬胸腺细胞[88]、D17 犬肉瘤细胞[89]和大鼠肾细胞[90]中生长，但需要适应的过程。少数具有急性致瘤性质的复制缺陷病毒，不能在培养细胞上有效生长复制，只有借助辅助 REV 完成复制。缺陷型病毒的基因组被辅助病毒形成的病毒蛋白及外壳包装，随同辅助病毒释放，识别和感染新的易感细胞。大多数 REV 在培养细胞上不产生细胞病变，想要依据感染细胞的形态变化判断有无病毒复制难度很大，仅少数分离株感染的单层细胞可能出现合胞体或其他轻微病变。因此，对大多数 REV 分离株，须用抗 REV 的单因子血清或单克隆抗体进行荧光抗体反应来确定细胞培养内有无 REV 的感染和复制。

REV 呈世界性分布[91-92]，许多国家的鸡群中都存在 REV 抗体，1964 年 REV 感染在日本呈地方性流行，埃及、韩国超过半数的鸡群有 REV 抗体[93-95]，美国感染也很普遍[96]。我国台湾 2006 年一项研究表明，通过对鸡群进行抗体检测发现 16 周龄以上鸡群的血清 REV 抗体阳性率达 92.8%[97]。2006 年雅典一项研究表明，通过 PCR 方法检测，鸡群血液或肿瘤样品中 REV 阳性率为 59.5%[98]。在我国家禽业，早些年 REV 感染鲜有报道[99-101]。近些年，国内鸡群 REV 流行也较严重。1998 年一项研究调查表明，北京郊区不同鸡场，REV 抗体阳性率高达 71.0%，免疫抑制鸡群 REV 抗体阳性率要远远高于正常鸡群[102]。崔治中对 2003—2004 年期间，全国 5 省市 9 公司 100 个鸡群共约 2 400 份血清样品进行 ELISA 检测，检测结果表明超过 60%的鸡群感染过 REV，不同鸡群 REV 抗体阳性率差别很大，平均约为 20%[103-105]。2005 年张志监测结果表明禽网状内皮组织增生症感染率也已达 20%~30%。姜世金等[106]用斑点杂交的方法检测 800 余份肿瘤样品中的 REV，阳性率在 80%以上。2009 年哈尔滨兽医研究所禽免疫抑制病课题组对辽宁、宁夏、广东、湖北、吉林等省份 39 个蛋鸡场的样品进行检测，结果表明 5 个省的样品存在不同程度的 REV 感染，样品阳性率为 11.5%~84.6%[107]。

REV 可通过垂直、水平、昆虫及污染疫苗等方式传播，引发不同程度的感染，导致感染鸡群的免疫抑制[108]。REV 持续在种群内感染或不同地区种群内感染，主要与垂直传播有关，使病毒不仅在同一群体中代代相传，还会随种蛋或调运的雏鸡造成病毒在不同地区鸡群中传播[52]。水平传播受宿主种类和 REV 毒株的影响，实验条件下，REV 可通过与感染火鸡、鸡、和鸭的接触而传播[109-111]。自然条件下，高日龄鸡可能通过污染的鸡舍感染 REV[112]，带毒鸡排出病毒会污染鸡舍环境，从血清学阳性鸡群的法氏囊、羽毛囊、泄殖腔拭子、粪便、脾脏及体液和垫料中均可检到 REV[113-117]。蚊虫或其他昆虫可作为 REV 的传播媒介，可能作为 REV 水平传播的一个途径，如蚊子可以在鸡群个体间或同鸡场的不同鸡群间传播病毒[52]。经由被 REV 污染的弱毒疫苗是过去 20 多年 REV 传播的主要途径，对家禽养殖业造成了巨大的危害。此外，某些禽痘病毒野毒株基因组整合有完整的

REV 基因组序列感染鸡后，这类禽痘病毒感染鸡后，随其在鸡体内的复制，会同时产生有传染性的病毒粒子，造成病毒的传播。

少数带有肿瘤基因的急性致肿瘤性 REV 致病性较强，接种 1 日龄雏鸡，可诱发肿瘤，引起死亡。此类病毒为复制缺陷型病毒，自然感染鸡群极少发生。大多数 REV 流行株致病性不强，不引发急性肿瘤病变。垂直感染或出壳后不久感染的鸡可能发生肿瘤，但通常有较长时间的潜伏期，性成熟后才形成肿瘤[52]。REV 感染后可诱发 T 淋巴细胞瘤、B 淋巴细胞瘤及其他类型的肿瘤，如网状细胞瘤等。REV 感染鸡多呈亚临床感染，表现为生长迟缓，同一鸡群中个体差异较大，感染鸡免疫器官组织和功能严重受损，导致胸腺和法氏囊严重萎缩。REV 对鸡的致病性与感染年龄呈密切相关性，日龄越小的鸡，REV 感染造成的免疫抑制和对生长的抑制作用越明显，随年龄增长，免疫抑制或其他致病作用减弱。排毒主要出现在急性病毒血症期间。商品鸡群中 REV 相关临床症状呈散发或不出现症状。一些野鸟对 REV 也相当易感，例如，REV 感染美国草原榛鸡，造成很高的肿瘤发病率和死亡率，有关部门甚至担心 REV 感染会严重威胁该品种的存在[52]。

（四）主要危害

1. 引起免疫抑制

与 REV 感染引起感染鸡产生肿瘤相比，REV 引发的免疫抑制对禽危害更为严重。REV 感染可引起感染鸡胸腺、法氏囊等免疫器官萎缩，造成免疫器官严重的器质性伤害，减少免疫活性细胞数量，抑制免疫细胞和免疫活性因子活性，从而降低感染鸡的免疫功能、导致免疫抑制，使感染鸡极易继发感染其他病毒病和细菌病。

2. 与其他病毒的混合感染

REV 与其他免疫抑制性病毒在生产鸡群中的混合感染是导致当前鸡群生产性能下降的重要因素之一[118-123]。流行病学调查结果表明，REV、ALV、MDV、CAV 和 IBDV 等多种免疫抑制病毒混合感染或多重感染对我国养殖业造成一定的危害。金文杰等[124]从来自不同地区的疑似 IBD 感染的病鸡法氏囊中检测到 REV、MDV 和 CAV 的共感染。这些病毒的混感导致家禽生产性能下降，且增强病毒的致病性，加重免疫抑制状态。姜世金[99]用斑点杂交技术对来自我国不同地区的 800 余份病鸡肿瘤样品进行 REV、MDV 和 CAV 检测，结果发现，二重感染率 31.2%，三重感染率 44.7%。张志等[114]从病鸡肿瘤样品中检测到 MDV 和 REV 的共感染率为 36.8%。为了解 REV、CAV 和 ARV 在我国白羽肉用型鸡中的感染情况，2003—2004 年，崔志中等对来自 5 个省份 8 个公司不同年龄鸡群的血清样品同时对 3 种病毒的血清抗体状态进行了检测。结果表明，送检的 75 个鸡群中，对 REV、CAV 和 ARV 呈抗体阳性的鸡群分别为 36、64 和 74 个，相应的阳性率分别为 48%、85.3% 和 96%。在检测的 1764 份血清样品中，3 种病毒的平均抗体阳性率分别为 9.8%、51.4% 和 75.1%。1 日龄雏鸡，对 CAV 和 ARV 的平均母源抗体阳性率可达 100% 和 81.1%，但对 REV 的平均母源抗体阳性率仅为 7.4%。抗体阳率随年龄变化的动态分析结果表明，对 REV 和 ARV 的母源抗体在雏鸡出壳后 2~3 周内消失，对 CAV 的母源抗体则可持续 3~4 周。对 CAV 和 ARV 的抗体从 5 周起开始再次出现，至 20 周龄，平均抗体阳性率达 90% 以上。但是，仅有半数送检鸡群对 REV 呈现抗体阳性，且阳性率较低，甚至到开产年龄，仍有很高比例的鸡呈抗体阴性[52]。崔志中等于 1999-2007 年期间，从疑似 ALV-J 感染鸡群中，分离到 27 株 ALV-J，其中 12 株存在 REV 共感染；2000—2005 年，从疑似 MDV 感染的病鸡肿瘤

中，分离到 11 株 MDV 野毒株，其中 6 株为 REV 共感染[125]；REV 和 ALV-J 共感染在部分养殖场相当普遍，很难彻底消灭病毒[126]。王建新[118]用 REV 和 ALV-J 共感染肉鸡，结果表明，共感染引起的免疫抑制更为严重。2009 年哈尔滨兽医研究所禽免疫抑制病课题组对 5 省 39 个蛋鸡场的样品检测，结果表明，REV 与 ALV-J 的混合感染率为 13.6%（25/184）[107]。REV 和 ALV-J 均可引起免疫抑制和生长缓慢，也可导致肿瘤。

3. 与其他病毒基因组的整合

REV 基因组以重组的形式整合到 MDV[127-133]、禽痘病毒（Fowl poxvirus，FPV）[134-138]的现象比较普遍。REV 通过禽胚等污染疫苗的现象也时有报道[139-145]。1979 年 Witte[131]研究表明污染 REV 的 MD 疫苗接种鸡后会对 MDV 抗体应答产生抑制作用，证明生物制品污染 REV 造成 RE 的暴发。Liu 等[144]从 FPV 疫苗中分离出两株 REV 全基因组，且发现只有插入到病毒基因组中的 REV 前病毒序列接近完整时才可能造成 REV 的传播。Hertig 等[145]对 REV 在 FPV 中的整合位置进行了深入研究；美国的 Singh 等[138]分离到一株几乎整合有完整 REV 前病毒 cDNA 的 FPV；丁家波等[146]、于立娟等[147]研究表明 FPV 弱毒疫苗株及野毒株都整合有 REV LTR。Zhang 等[148]首次从病鸡肿瘤中分离到整合有 REV LTR 的 MDV 天然重组野毒株；整合 REV 可导致这些宿主病毒发生遗传变异[149]，加快病毒的遗传演化，增强其致病性及抗原性，必须密切关注 REV 这种流行病学上的潜在危害[150]。

三、ALV-J 病原学、分子病毒学及其流行

（一）ALV 病毒亚型分类

禽白血病（Avian Leukosis，AL）是由禽白血病病毒（Avian

Leukosis Virus，ALV）引起的多种良性和恶性肿瘤性疾病的总称，是肿瘤性传染病。该病临床表现形式多样，主要包括成髓细胞性白血病、成红细胞性白血病、血管瘤，淋巴细胞性白血病和骨髓细胞瘤。ALV 为反转录病毒科、禽 C 型反转录病毒属成员，是危害养禽业的重要病原之一，波及几乎所有商品鸡群，造成感染鸡群生产性能下降[151]，或因致死性肿瘤死亡，造成严重的经济损失，对家禽养殖业危害严重。根据 ALV 的囊膜糖蛋白抗原特性、宿主范围及交叉中和试验特性，ICTV 于 2001 年将其分为 A~J 共 10 个亚群[152-153]。A、B、C、D、E、J 亚群分离自鸡，其中，A~D 亚群是外源性 ALV，E 亚群病毒致病力低下，其基因组整合于鸡的基因组中，是分离于野禽的内源性病毒[154-155]；A、B 亚群主要导致蛋鸡（尤其来航鸡）淋巴细胞性白血病及其他肉瘤的发生[156-159]，C、D 亚群病毒感染病例仅见芬兰报道[160-161]；F 亚群病毒分离自环颈雉；G 亚群病毒分离自金黄雉；H 亚群病毒分离自匈牙利鸡；I 亚群病毒分离自冈比亚鹌鹑。自 20 世纪 70 年代以来，有效的控制与净化措施使得 A、B 亚群禽白血病在肉鸡群中发生明显减少，而 80 年代 J 亚群禽白血病的出现造成的严重危害，引起了科研工作者对这种新发的病毒性肿瘤传染病的高度关注。J 亚群禽白血病（Subgroup J Avian Leukosis）由 J 亚群禽白血病病毒（Avian Leukosis Virus subgroup J，ALV-J）感染引起的鸡多种细胞类型的恶性肿瘤病，以髓细胞瘤和不同细胞类型的恶性肿瘤为特征[162]。研究表明 ALV-J 是由外源性和内源性 ALV 整合而成的重组病毒[163-165]，可通过垂直和水平传播造成感染鸡生长缓慢和免疫力低下。ALV-J 最早由英国 Payne 等于 1989 年从肉用型鸡中分离[166]，因其囊膜蛋白抗原特性、宿主范围、交叉中和反应特性与已知的 A-I 亚群病毒有明显差异，且其 env 基因序列具有明显的亚群特异性，而被命名为 J 亚群禽白血病病毒[167-168]。其他国家陆续有该病的报

道，随之在世界范围内广泛传播。中国于 1999 年首次报道 ALV-J在商品肉鸡中分离鉴定[169]，随后在地方品种鸡和蛋用鸡群中也发现了 ALV-J 的感染报道[170-177]。

（二）ALV-J 基因结构及编码蛋白

ALV-J 病毒粒子似球形，呈二十面体对称，平均直径 90nm。具有典型反转录病毒科，C 型肿瘤病毒的共同特征。病毒粒子外层是囊膜，其成分与宿主细胞膜的成分相似，由病毒从宿主细胞释放时以出芽方式获得；中层是病毒的内膜，病毒核心结构由核衣壳（Neuleocapsid，NC）、蛋白酶（Protease，PR）、整合酶（Integrase，IN）反转录酶（Reverse Transcreptase，RT）及双倍体 RNA 组成（图2）。上述三种酶在病毒 RNA 形成 DNA，整合到宿主细胞基因组中形成前病毒过程中发挥关键作用。

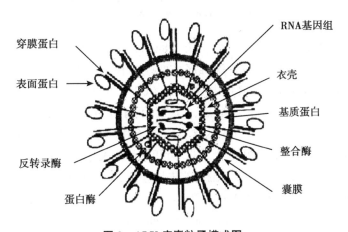

图 2 ALV 病毒粒子模式图

Fig. 2 Structure of ALV particle

反转录病毒基因组均由两条相同的单链 RNA 组成，病毒 RNA 含有 5′帽子结构（m7GpppGmp）和 3′多聚腺苷酸尾巴

（PolyA），基因组两端为非编码区（uncoding region，UTR），中间部分为编码区（gag-pol-env）。病毒复制需要反转录成 DNA 中间体，也称前病毒。ALV-J 前病毒基因组结构具有典型的 C 型反转录病毒基因组结构特征，即 5′LTR-5′UTR-gag-pol-env-3′UTR-3′LTR。ALV-J 原型株 HPRS-103 前病毒基因组结构如图 3 所示，病毒基因组中不含致癌基因[178-179]。

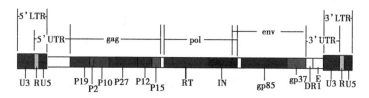

图 3　ALV-J 原型毒株 HPRS-103 前病毒基因组结构

Fig. 3　The genome map of the preference

ALV-J strain HPRS-103 provirus

HPRS-103 DNA 序列全长 7 841bp[167]，编码 3 个主要结构基因 *gag* 、*pol* 和 *env*。病毒序列两端的长末端重复序列（Long Terminal Region，LTR）由独特区（U3）、短重复区（R）以及独特区（U）三部分组成，不带有病毒肿瘤基因（v-onco)[65,180-181]。其中，U3 区含有增强子和启动子，与病毒转译、复制、致瘤等密切相关[182-185]。近年来研究发现，ALV-J 部分中国分离株中，5' UTR 非翻译的先导序列 leader 区域中存在 19bp 的插入[186-189]，在 RAV-1（Rous-associated virus type 1），RSV-SRB（Rous sarcoma virus strain Schmidt - Ruppin），RAV - 2（Rous- associated virus type 2）和 Rous sarcoma virus（strain Schmidt-Ruppin B）中，也存在同样的 19bp 插入序列。E 元件位于 ALV-J 3' UTR-非编码区，大小 150bp 左右，具有转录子结合位点，可能是增强子，可能与病毒致肿瘤特性有关[190]。以前

只是在复制型的急性转化肉瘤病毒的 src 附近发现[167,190]。ALV-J 原型株 HPRS-103 E 元件为 147bp，而许多 ALV-J 毒株此区段发生缺失性突变[169,192]，部分血管瘤型 ALV-J 蛋鸡分离株中 E 元件存在一个碱基的缺失[186,193]。

HPRS-103gag 基因高度保守，主要编码病毒群特异性抗原（gsa），其产物为 76kDa 的非糖基化前体蛋白（Pr76 gsa），可被蛋白酶（p15）切割成数个小蛋白，N 端到 C 端依次为 p19-p2-p10-p27-p1-p12-p15[194]。这些非糖基化结构蛋白在不同亚群的白血病病毒间高度同源，非常保守。p19 即基质蛋白（MA），位于病毒表面与囊膜相连，在病毒粒子芽生中发挥作用[195]。p2 可能与病毒粒子形成有关[196]。p10 主要在病毒早期感染及后期装配中发挥作用[197]。p27 即衣壳蛋白（CA），序列高度保守，含量高，且存在许多易于检测的抗原位点，为制备检测抗体的首选抗原[198-202]，临床将 ELISA 方法检 p27 抗原作为是否感染 ALV 的重要依据。p12 即核衣壳蛋白（NA），与 RNA 加工及包装有关[195]。p15 是蛋白酶（PR），主要参与 gag、pol 的多聚前体蛋白切割和 env 基因转录后加工[203]。

ALV-J 的 LTR、gag 和 pol 与其他亚群同源性很高[204-205]，pol 基因是病毒复制以及病毒基因组插入细胞染色体的关键。主要编码反转录酶 p68（reverse transcriptase，RT）和整合酶 p32（integrase，IN）。反转录酶在病毒 RNA 反转录为前病毒 DNA 中发挥作用，负责以病毒 RNA 为模板生成前病毒 DNA，是病毒复制必需的；整合酶是病毒前病毒 DNA 整合进宿主细胞染色体 DNA 所必需的。ALV-J pol 基因与原型株 HPRS-103 相比，其翻译的酶蛋白少了 22 个氨基酸，编码的酶蛋白为 68kDa。但这种突变对病毒生长无影响。因此公认该部分在病毒的体外复制中非必需。

env 基因决定病毒感染的宿主范围[206-208]，具有高度的变异性[209]，且与 ALV 的致瘤及致瘤类型密切相关[210]，其编码 2 种病毒囊膜蛋白，膜表面糖蛋白亚单位（Surface glycoprotein Unit，SU）和跨膜糖蛋白亚单位（Trans-membrane protein，TM）。SU 由 gp85 基因编码，含有病毒-受体决定簇，能识别宿主细胞膜的特异性病毒受体[206,208,211]，决定病毒的亚群特异性及宿主范围[211-214]。ALV-J gp85 基因的高变性，使 ALV-J 的抗原性与其他亚群差别很大。对不同亚群囊膜基因序列分析发现，gp85 基因中心区的 2 个高变区（hr1、hr2）和 3 个可变区（vr1、vr2、vr3）决定了 ALV 的反应特异性和中和活性[215-217]，而 ALV-J 缺少 vr1 可变区。相比，HPRS-103 与其他亚型 gp85 基因序列仅有 40% 的相似性，ALV-J gp85 的变异，集中体现在 hr1、hr2 和 vr3 区。TM 由 gp37 基因编码，为跨膜蛋白，介导病毒与宿主细胞的融合，将病毒转入细胞。分为胞外区、跨膜区、胞内区三部分。胞外区结合 gp85，能形成超螺旋结构，介导病毒与细胞膜融合；跨膜区定位于病毒囊膜细胞或宿主细胞膜上，起到对 env 蛋白在细胞膜的定位作用。

HPRS-103 的 3'端非编码区（3'UTR）长度为 748bp，易发生缺失或突变[218]，主要包括 rTM（redundant TM）、单拷贝正向重复单位 DR（direct repeat）和 E 元件（XSR，exogenous virus specific region）。3'UTR 不编码蛋白质，其组成元件在病毒粒子装配、致瘤性均有重要作用。DR 相当保守，与 mRNA 在胞浆中积聚有关[219]，E 原件具有增强子功能[220]。

（三）ALV-J 流行病学研究

ALV-J 宿主范围广泛，调查结果表明，ALV-J 可感染几乎所有品系的鸡，但 ALV-J 对不同品种鸡的致瘤能力存在差异，且诱导产生的肿瘤类型不同。肉鸡感染后多呈骨髓瘤病变，而蛋鸡感染后发生骨髓瘤、血管瘤等多种类型的肿瘤。与 A、B 亚群不同，ALV-J在自然状态下，主要引起肉鸡发生骨髓白血病（Myeloid Leukosis，ML）、骨髓细胞瘤（Myelocytoma）或其他不同细胞类型的恶性肿瘤[24-25,163-166]。蛋鸡仅在试验条件下感染，且感染鸡会迅速产生中和抗体，而不产生肿瘤。但自2004年，中国报道地方品种鸡出现 ALV-J 感染，随后中国蛋鸡群出现 ALV-J 感染，尤其自2007年开始，中国各地陆续报道对蛋鸡危害严重的血管瘤型病例[13]，自2009年以来湖北山东等地鸡白血病疑似病例频发，给养禽业造成巨大经济损失[221-228]。目前，ALV-J严重危害养禽业的主要病原之一。

ALV-J 主要通过垂直传播和水平传播两种方式进行传播。垂直感染的鸡只从鸡胚感染病毒，病毒在体内长期存在，且保持较高的病毒滴度，它们又成为水平传播的重要传染源。6~8周龄的鸡极易通过水平传播方式感染 ALV-J，主要通过污染的分泌物、排泄物或注射针头感染。

几十年来，ALV-J 感染出现了新的特征：①宿主谱逐渐扩大：在选择压作用下，病毒囊膜基因突变频率加快，使 ALV-J 从最初只感染肉鸡，到后来导致蛋鸡及地方品种鸡感染，使其宿主范围由肉鸡逐渐扩大到蛋鸡以及地方品系鸡[229]。②发病日龄逐渐提前：肉鸡从最早9周龄发病到现在24日龄发病[230]；③发病率和死亡率不断上升：发病率呈现上升趋势，血管瘤型病例常因大量失血死亡。④引发肿瘤类型多样化：ALV-J 除引起骨髓样细胞瘤外还可引起血管瘤病变，近些年有越来越多的其他类型的肿瘤报道，如神经胶质瘤[231]、神经束瘤[232]、平滑肌肉瘤[130]和肝细胞癌[233]等。⑤免疫抑制加重：由 ALV-J 引发的免疫抑制使得混合感染频发[234-235]，甚至三重、四重混合感染[236]。

四、野鸟在动物病毒传播中的作用及意义

野生鸟类生存空间自由，范围较广，能贮藏、携带并感染多

种能传染人或畜禽的病原微生物，野鸟迁徙过程中，跨越地域广阔，可通过排泄物或分泌物污染栖息环境，散播病原体，并可能作为长距离传播的媒介，通过每年的季节性迁徙，将多种病毒、细菌、寄生虫等传染给畜禽和人类；由于迁徙路线不同，会跨越不同国家和洲际边境，为这些疾病在世界范围内传播流行提供了便利条件；且存在病原的遗传演化、重组变异成致病性和抗原性增强新病原的风险，具有对人类或动物的潜在危害作用[237]。世界上很多学者对野鸟及其传播的疫病进行了深入研究，大量研究表明，野鸟与许多人和动物的重要传染病的传播和发生密切相关。现已证实野鸟携带的病原包括：禽流感、新城疫、鸭瘟病毒、禽肺病毒、禽痘病毒、禽分支杆菌，日本脑炎病毒、口蹄疫，西尼罗病毒、博尔纳病病毒、东方马脑炎病毒、Q 热、衣原体和病莱姆病等[237]。

野生鸟类被公认是禽流感病毒的原始病毒库和自然宿主，已从野生鸟类中分离到所有 9 个 N 亚型和 15 个 H 亚型的 A 型流感病毒[238]。目前全球有亚洲-大洋洲、欧洲-非洲、北美洲-南美洲三大鸟类迁徙区。共 8 条候鸟迁徙路线：东亚-澳大利亚路线、中亚路线、大西洋路线、美洲太平洋路线、黑海-地中海路线、美洲大西岸路线美洲密西西比亚路线和东非-西亚路线（图 4）。其中有 3 条经过我国：一条是西太平洋迁徙线，从阿拉斯加到西太平洋群岛，经过我国东部沿海省份。第二条是东亚-澳大利亚迁徙线，从西伯利亚经新西兰，经过我国中部省份。第三条是中亚迁徙线，从中亚各国到印度半岛北部，经西藏，翻越喜马拉雅山，经过青藏高原等地区。中国大陆是东亚与北亚、南亚次大陆、澳、美、欧、南太平洋之间候鸟迁移终端的夏候鸟繁殖地、冬候鸟越冬地及旅鸟停息地。有东部、西部和中部 3 个候鸟迁徙区。我国东北地区属于东部候鸟迁徙区范畴。在东北、华北东部地区繁殖的候鸟，可能沿海岸南迁，向南迁徙至华南、华中

地区，甚至于到东南亚各国越冬；或沿海岸飞至菲律宾、马来西亚、日本、澳大利亚等国越冬[239]。该区候鸟种类繁多，主要包括雀鹰、鸬鹚、红隼、苍鹭、蒙古沙鸻、铁嘴沙鸻、白腰雨燕、弯嘴滨鹬、东方白鹳、丘鹬、红脚鹬、丹顶鹤、豆雁、绿翅鸭、中华秋沙鸭、针尾鸭、鸳鸯、家燕、红胸滨鹬等。部分候鸟可能因季节因素影响进行短距离迁徙或自西向东的迁徙[239]。

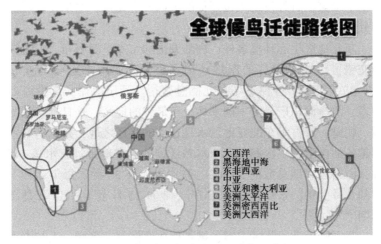

图4　全球候鸟迁徙路线图（引自互联网）

Fig. 4　the migration rout of global migratory birds

候鸟迁徙已成为禽流感风险最大的传播途径，历史上几次禽流感暴发基本上与候鸟有关，且是沿着候鸟迁徙路线传播。鸟类作为巨大的流感病毒基因库，各种单一或混合感染的流感病毒，可永久地存于各种候鸟或水禽体内。候鸟具有迁徙特性，每年春秋两季群集往返飞迁于繁殖地与越冬地之间，且其迁徙范围广泛，具全球性。专家推测，候鸟在迁徙过程有可能通过粪便排毒等方式将携带的流感病毒散播给当地的留鸟，病毒寄生于贮存宿主留鸟体内，并在当地长期存在，再经由贮存宿主传播给家禽和人类，从而为可能携带的各种禽流感病毒跨越国境传播创造了条件。OIE 认为，通过迁徙野鸟传播是禽流感病毒的一种主要的传播方式，目前禽流感病毒更多是通过水鸟传播，只在陆地生活的野鸟很少发现感染。欧洲的禽流感主要是通过候鸟传播已被证实，2006 年，斯洛文尼亚、希腊、保加利亚、斯洛伐克、意大利、罗马尼亚、奥地利、波黑克罗地亚、匈牙利、俄罗斯、德国等多个国家在野外发现大量迁徙的天鹅发病死亡，并从死亡病例中分离到禽流感病毒[238]。

东北地区生态环境多样，内陆湖泊和水库星罗密布，河道纵横交错，形成了较好的湿地环境条件，其中很多被誉为候鸟"天堂"，吸引了各种水鸟在此栖息繁衍。辽宁海岸长，沿海岛屿多，沼泽面积广，是中国水鸟分布最广的地区，是日本、俄罗斯、朝鲜、蒙古等东北亚地区水鸟迁徙的必经之地，是水鸟繁殖和越冬的极限交汇区和东北亚水鸟迁徙的咽喉地带。有水鸟 145 种，占中国水鸟总数的 56.4%，其中雁鸭类 33 种。每年 2 月下旬到 5 月上旬，水鸟迁徙途经辽宁，3 月 15 日至 4 月 15 日是高峰期[239]。

我国野生动物物种丰富，携带的病原体复杂多样。人与野生动物间疫病互传的概率随人类活动范围扩大而加大。多年来，国家林业主管部门高度重视野生动物疫病研究工作。继 2003 年 SARS 和 2004 年 HPAI，为适应形势需要，及时针对野生动物携带、传播疫源疫病的安全隐患和潜在危害，分析研究了我国野生动物分布情况，总结了我国野生动物疫源疫病监测工作现状，并及时在全国启动以野生鸟类 HPAI 监测为主的野生动物疫源疫病监测体系建设，监测、预警和预报可能发生的重大人兽共患病疫情、野生动物疫情及潜在危害，为国民经济和社会的可持续发展提供保障。同时加强对野生动物疫源疫病的监测与组织协调工作，批准成立野生动物疫源疫病监测总站。按照国家林业局总体

部署，已在野生动物集中分布区域、全国候鸟迁徙通道、繁殖地、迁徙停歇地和越冬地及重要边境地区建立了多个国家级和省级监测站。并预计在"十二五"期间，使国家级监测站总数达2 015处，监测覆盖率达到88.3%。这些举措将为野生动物疫源疫病监控提供更好的平台。

对野鸟禽免疫抑制病原的分子流行病学的监控分析，可以明确我国禽免疫抑制病毒毒株的流行变异趋势，了解野鸟在相关病原生态学中的作用，对于禽免疫抑制病综合防制措施的有效调整有重要的实践意义。

五、蛋白相互作用研究方法

（一）酵母双杂交技术

酵母双杂交技术是研究病毒与宿主相互作用的常用方法之一[240]，酵母双杂交系统（yeast two-hybrid system，Y2H）是1989 年由 Fields 和 Song 最先建立的一种在细胞内研究蛋白相互作用的方法[241]。该方法除了可检测已知蛋白之间的相互作用，还能筛选与已知蛋白相互作用的未知蛋白[242]。该技术已成为研究蛋白相互作用的有效方法之一。该系统基于酵母基因的转录因子（GAL4）的特性而建立，由转录因子参与调控基因转录。酵母双杂交系统的构建是把报告基因整合到酵母细胞基因组中，并受到转录因子 GAL4 的调控表达。当转录因子 GAL4 结合到报告基因调控序列相应的位点，则启动报告基因的表达，通过缺陷型的平板达到筛选的目的。酵母 GAL4 转录因子由两个独立结构域组成：N 端 147 个氨基酸组成的 DNA 结合结构域（Binding Domain，BD）和 C 端 113 个氨基酸组成的转录激活结构域（Activation Domain，AD）[243]。二者在空间和功能上相对独立，BD 能识别并结合上游活化序列（Upstream Activating Sequence，UAS），

AD 可与 RNA 聚合酶复合体相作用，启动 UAS 下游基因 MEL1，lacZ，HIS3 和 ADE2 报告基因的转录。单独的 BD 不能激活基因转录，单独的 AD 也不能激活 UAS 的下游基因，只有当二者通过某种方式在空间上结合或接近时，才具有完整的转录激活因子的功能，从而启动下游基因转录。将待研究的两个蛋白的基因分别与 BD 和 AD 融合表达，两个融合蛋白在酵母中表达。若两个蛋白能够相互作用，则 BD 和 AD 相互靠近，形成转录激活因子，启动下游基因的表达（图 5）。

(A)　　　　　　　　　　　　　　　　(B)

(C)　　　　　　　　　　　　　　　　(D)

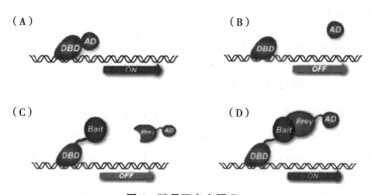

图 5　酵母双杂交原理

Fig. 5　Schematic diagram of YTH

　　该系统可检测到瞬时或较弱的相互作用，适用于高通量筛选相互作用蛋白[244]两个蛋白只有进入细胞核才能发挥转录激活作用，因此不是研究膜蛋白的有效方法。此外，酵母表达系统缺乏糖基化修饰，不能准确反映某些需要糖基化修饰的蛋白间的相互作用。膜蛋白酵母双杂交系统的建立弥补了这一缺陷，广泛应用于膜蛋白相互作用的研究[245-246]。

（二）噬菌体展示技术

噬菌体展示技术（Phage Display Techniques，PDT）是指将外源基因定向插入噬菌体衣壳蛋白 N 端，噬菌体衣壳蛋白与外源基因融合表达于噬菌体表面，形成外源蛋白的展示库，且不影响和干扰宿主噬菌体功能[247]。用相应的靶分子从中筛选相关蛋白或多肽。Smith 最先将 EcoR I 内切酶基因插入 fd 丝状噬菌体衣壳蛋白 pⅢ区，使其展示于噬菌体表面。最常用的噬菌体展示系统有丝状噬菌体，λ 噬菌体和 T4 噬菌体以及 T7 噬菌体[248]展示系统。噬菌体展示技术具有高通量简单易行等优点，应用非常广泛。其在分析抗原表位，研究 MHC 分子[249]，筛选活性肽[250]等都有重要应用。但是这项技术也有其缺点。插入片段较大（>300bp）时，重组的噬菌体稳定性会下降[251]，且会受到库容量的限制，插入基因表达受噬菌体密码子影响[252]。

研究发现在丝状噬菌体 pⅢ基因的 N 端插入外源基因，则插入的外源基因与 pⅢ基因编码的衣壳蛋白融合表达并处于噬菌体颗粒的表面，融合表达的外源蛋白保持其天然构象，且不影响宿主的生活周期。在此基础上，可通过将诱饵蛋白固定在固相支持物上，表达外源基因的噬菌体文库与固相支持物上的诱饵蛋白孵育完成后，通过适当的淘洗法，洗去非特异结合的噬菌体颗粒，最终结合于固相支持物上的噬菌体表达的外源蛋白即为与诱饵蛋白相互作用的蛋白。编码该外源多肽的基因则可从相应噬菌体基因组中根据插入位置推导得到。目前该技术已用于大规模筛选相互作用蛋白[248,253-255]。

（三）免疫共沉淀技术

免疫共沉淀（co-immunoprecipitation，Co-IP）是基于抗原抗体特异性结合建立的研究蛋白相互作用的研究方法。利用 Protein A/G 能特异性结合抗体分子 Fc 段的特性，先将细胞裂解液与抗体孵育，再加入偶联有 Protein A/G 的琼脂糖珠，适当孵育后，低速离心，使结合到琼脂糖珠上的蛋白质复合物沉淀下来。SDS-PAGE 凝胶电泳后，通过质谱分析筛选相互作用蛋白或 western blot 验证两蛋白间的相互作用。Co-IP 可检测天然状态的蛋白之间的相互作用，作为研究蛋白相互作用的经典方法，应用非常广泛。

（四）拔拖（Pulldown）技术

Pulldown 技术是将诱饵蛋白与标签多肽融合表达，经纯化后，将融合蛋白固定在固相支持物（如磁珠）上。将含有目的蛋白的细胞裂解液与结合在固相支持物上的诱饵蛋白的长时间孵育，后将蛋白复合物洗脱，除去非特异结合的蛋白，得到结合了相互作用蛋白的诱饵蛋白固相支持物。利用 SDS-PAGE 和 western blot 检测筛选到的蛋白，验证目的蛋白与诱饵蛋白的相互作用。该技术为高通量筛选，关键点在于大量的有天然活性的诱饵蛋白的制备。根据融合标签的不同，pulldown 试验可分 His pulldown、GST pulldown 和 MBP pulldown 等。

（五）荧光共振能量转移

荧光共振能量转移（fluorescenceresonance energy transfer, FRET）是基于一种荧光蛋白的发射光谱与另一荧光蛋白的吸收光谱重叠，当二者足够接近时（10nm 以内），供体荧光蛋白发射的荧光被受体荧光蛋白吸收，激发受体荧光蛋白发射另一波长的荧光，使得观察到的供体荧光基金猝灭，而受体荧光则非常强[256]。该技术能清楚了解细胞中两蛋白相互作用的实时动态，并通过观察有无特异荧光的产生来检测活细胞内两个目的蛋白间的直接相互作用[257]。FRET 技术现在应用范围非常广，研究膜

蛋白相互作用，检测酶活性在细胞中的变化，细胞凋亡以及信号转导过程中蛋白相互作用的实时监控等。

六、野鸟源禽免疫抑制病研究的目的

RE、MD 和 AL 是禽类重要的致瘤性和免疫抑制性疾病。近些年来，这些疾病在全球迅速蔓延，在我国饲养禽类中的感染阳性率也逐步升高，造成的损失也日趋严重。然而，针对以上病原的流行病学资料目前还比较匮乏，ALV-J、REV、CAV 以及 MDV 的流行病学研究大多集中于家禽和水禽，很少有关于野生鸟类感染的研究报道。日本学者于 1998 年发现 CAV 可感染乌鸦和鹌鹑，提示 CAV 的宿主谱正在扩大。野生鸟类生存空间自由，范围较广，且候鸟每年都会季节性迁徙。已有研究表明部分候鸟及野生水禽是禽流感病毒的自然宿主，从野鸟身上可以分离到几乎所有亚型的流感病毒。带毒候鸟在迁徙过程中可能会通过体液或粪便排毒污染环境，或通过直接接触其他野鸟或家禽释放病毒，从而导致禽流感病毒的传播。假设野生鸟类可感染和携带 ALV-J、REV、CAV 以及 MDV 等病原，则为这些病原的快速传播和跨国界传播提供了便捷条件，使疾病防控工作更加复杂困难，增加了家禽感染患病的风险，给世界养殖业发展造成了影响。而且还可能影响野生鸟类的自身健康。因此，对野生鸟类进行长期系统的禽病病原的监测具有十分重要的流行病学意义。

近些年，RE 和 J 亚群禽白血病等禽免疫抑制病严重制约着中国家禽养殖业的健康、可持续发展。针对携带禽免疫抑制病病原的家禽采取的淘汰措施，并不适用于野鸟，鉴于目前中国乃至世界范围内对禽流感的监测力度和取得的成效，对野鸟的监测工作尤为必要。目前国内外范围内还未见有关禽免疫抑制病病原流行病学调查的研究报道。通过对野生鸟类进行禽免疫抑制病病原的监测与病毒分离，比对野鸟分离株和家禽流行毒株的核苷酸和氨基酸的差异，从基因水平解析病毒的遗传演化特点；理论分析毒株致病力的强弱，通过动物实验评价野鸟源毒株的致病力，对禽免疫抑制病的预警和防控有重要的指示作用。因此，在我国开展野生鸟类禽免疫抑制病病原监测和流行病学调查研究在丰富和补充我国禽免疫抑制病病原的流行病学信息的同时，还可以为疫病的综合防控提供参考，具有重要的生态意义和战略意义。目前，我国建立的国家级野生动物疫源疫病监测站、省级监测站和大批地县级监测站点，基本覆盖候鸟活动的重点区域。我国东北地区地域辽阔、地处东亚—澳大利亚鸟类迁徙路线，有庞大的湿地群和丰富的鸟类资源，是多种候鸟的重要繁殖地与迁徙停歇地。因此，本研究立足东北地区的湿地和森林，在候鸟类迁徙季节采集野鸟样品，进行禽免疫抑制病病原长期系统的分子流行病学调查研究。利用 PCR 分子诊断技术对野生鸟类禽免疫抑制病病原携带状况进行了检测，深入了解禽免疫抑制病病原在野生鸟类中的生态分布状况，并掌握其流行规律，为 REV、ALV-J 以及 CAV 防治措施提供有效依据。对所分离病毒主要保护性抗原基因进行克隆和测序，从分子流行病学的角度分析我国东北地区野鸟源 REV、ALV-J 以及 CAV 毒株与国内外流行毒株的亲缘关系以及进化特征，旨在了解野鸟源病原的分子特征，分析野鸟在禽类病原流行中的潜在作用以及生态学意义。

　　近年来，随着 REV 感染的增加、流行趋势和临床疾病表现形式的多样化，使 REV 的防制难度不断增大。本病主要是早期感染，主要引起感染鸡的免疫抑制，多数情况感染症状不明显，增大了诊断难度，因此对本病的早期确诊尤为重要。为快速准确地检测 REV 感染情况，分析其流行情况和流行特征，建立敏感、特异的抗体检测方法迫在眉睫。

　　为此在研究中采用酵母双杂交的方法，来筛选 CEF 细胞内

与 PR 相互作用的蛋白，发现 PR 与 Snapin 的相互作用。寻找宿主细胞内与 PR 相互作用的蛋白有助于进一步解析 PR 在 REV 感染周期中的作用，为了解病毒复制的分子机理以及在蛋白水平上与宿主蛋白相互作用关系提供线索，为 REV 的防控提供新的思路。

第一章 野鸟源禽免疫抑制病流行病学调查

禽免疫抑制病严重制约着中国家禽养殖业的健康、可持续发展。目前，ALV、REV、CAV、MDV、ARV 以及 IBDV 等禽免疫抑制病病原的流行病学研究大多集中于家禽和水禽，很少有关于野生鸟类感染的研究报道，而国内外范围内还未见有关野鸟禽免疫抑制病病原流行情况的研究报道。通过对野生鸟类进行上述病原的检测与分离，比对野鸟分离株和家禽流行毒株的核苷酸和氨基酸的差异，从基因水平解析病毒的遗传演化特点，对禽免疫抑制病的预警和防控有重要的指示作用。

一、实验材料和仪器

（一）病料、病毒和细胞

2011—2012 年，在鸟类迁徙季节，即每年的 4—5 月和 9—10 月，在我国东北三省，候鸟迁徙路线经过的鸟类环志站和野生动物疫源疫病监测站采集野鸟样品，开展主要禽免疫抑制病病原的流行情况监测工作。采集的野鸟样品主要是陆生鸟类和野生水鸟。共计采集样品 916 份，包括 6 个目，40 多个属。其中陆生鸟类以雀形目的小型鸟为主，包括 34 个种，共 335 份样品；野生水鸟以雁形目的野鸭为主，包括 19 个种，共 581 份样品。从辽宁盘锦集野鸟样品 86 份，吉林向海 479 份，黑龙江扎龙 75 份，黑龙江东方红 97 份，黑龙江帽儿山林场 179 份。具体采集地区及样本种类见表 1-1 和表 1-2。

鸡马立克氏病病毒（MDV）、鸡传染性贫血病病毒（CAV）、J-亚群禽白血病病毒（ALV-J）由中国农业科学院哈尔滨兽医研究所禽免疫抑制病创新团队保存。CEF 用 SPF 鸡胚按照常规方法制备，用含 5% FBS、青霉素 100IU/mL、链毒素 100μg/mL、pH7.2 的 DMEM 中培养；DF1 细胞由哈尔滨兽医研究所禽免疫抑制病创新团队保存。SPF 鸡胚由中国农业科学院哈尔滨兽医研究所实验动物中心提供。

表 1-1 样品采样情况统计表

Table1-1 Sample collection statistical tables

采样地点	生境类型	野鸟数量	采集时间		
			2011-10	2012-5	2012-10
吉林向海	湿地	479	300	139	40
黑龙江帽儿山	森林	179	60	72	47
辽宁盘锦	湿地	86	0	49	37
黑龙江扎龙	湿地	75	0	46	29
黑龙江东方红	湖泊、森林	97	0	55	42

表 1-2 野鸟样本分类及数量

Table1-2 The classification and the numbers of the wild bird samples

目 Order	科/属 Genus	种 Species		中文名	数量
		英文名	学名		
雁形目	鸭属	Eurasian Wigeon	*Anas Penelope*	赤颈鸭	1
		Pintail	*Anas acuta*	针尾鸭	7
		Mallard	*Anas platyrhynchos*	绿头鸭	20
		Gadwall	*Anas strepera*	赤膀鸭	8
		Spot-billed Duck	*Anas poecilorhyncha*	斑嘴鸭	34
		Northern Shoveller	*Anas clypeata*	琵嘴鸭	35

（续表）

目 Order	科/属 Genus	种 Species		中文名	数量
		英文名	学名		
		Falcated Duck	*Anas falcata*	罗纹鸭	2
		Baikal Teal	*Anas formosa*	花脸鸭	237
		Green-winged Teal	*Anas crecca*	绿翅鸭	65
	鹊鸭属	Common Goldeneye	*Bucephala clangula*	鹊鸭	34
	潜鸭属	Canvasback	*Aythya valisneria*	帆背潜鸭	12
		Pochard	*Aythya ferina*	红头潜鸭	59
		Tufted Duck	*Aythya fuligula*	凤头潜鸭	12
		Baer's Pochard	*Aythya baeri*	青头潜鸭	18
	麻鸭属	Common Shelduck	*Tadorna tadorna Linnaeus*	翘鼻麻鸭	15
鹤形目	骨顶属	Fulica atra	*Eurasian Coot*	白骨顶鸡	21
鸊鷉目	鸊鷉科	Crested grebe	*Podiceps cristatus*	凤头鸊鷉	3
		Black necked grebe	*Podiceps nigricollis*	黑颈鸊鷉	9
		Little grebe	*Podicepsruficollis*	小鸊鷉	8
鹳形目	苇鳽属	*Yellow Bittern*	*Ixobrychus sinensis Gmelin*	黄斑苇鳽	9
雀形目	鹀科	Tristram's Bunting	*Emberiza tristrami*	白眉鹀	7
		Yellow-throated Bunting	*Emberiza elegans*	黄喉鹀	60
		Black-faced Bunting	*Emberiza spodocephala*	灰头鹀	19
		Rustic Bunting	*Emberiza rustica*	田鹀	5
	燕雀属	Brambling	*Fringilla montifringilla*	燕雀	7
	长尾雀属	Long-tailed Rosefinch	*Uragus sibiricus*	长尾雀	8
		Great Tit	*Parus major*	大山雀	5
	朱雀属	Pallas's Rosefinch	*Carpodacus roseus*	北朱雀	3
	山雀属	Marsh Tit	*Parus palustris*	沼泽山雀	7
		North of heshan finches		北鹤山雀	3
		Yellow-bellied Tit	*Parus venustulus*	黄腹山雀	4

（续表）

目 Order	科/属 Genus	种 Species		中文名	数量
		英文名	学名		
	长尾 山雀属	Long-tailed Tit	*Aegithalos caudatus*	银喉长 尾山雀	3
	茶腹属	Sitta europaea	*Sitta europaea*	茶腹䴓	5
	柳莺属	Yellowbrowed Warbler	*Phylloscopus inornatus*	黄眉柳莺	47
		Eastern Crowned Warbler	*Phylloscopus coronatus*	冕柳莺	5
		Phylloscopus borealoides	*Pale-leggedLeaf Warbler*	淡脚柳莺	8
		Pallas's Warbler	*Phylloscopus proregulus*	黄腰柳莺	11
		Dusky Warbler	*Phylloscopus fuscatus*	褐柳莺	5
	伯劳属	Brown Shrike	*Lanius cristatus*	红尾伯劳	4
	鹡鸰属	Grey Wagtail	*Motacilla cinerea*	灰鹡鸰	9
	鸫属	Grey-backed Thrush	*Turdus hortulorum*	灰背鸫	4
		White-browed Thrush	*Turdus obscurus*	白腹鸫	3
	鹟属	Red-breasted Flycatcher	*Ficedula parva*	红喉鹟	5
	鸦属	Azure-winged Magpie	*Cyanopica cyana*	灰喜鹊	9
		Black-billed Magpie	*Pica pica*	黑喙鹊	4
	鸲属	Red-flanked Bush Robin	*Tarsiger cyanurus*	红胁蓝尾鸲	9
	歌鸲属	Bluethroat	*Luscinia cyane*	蓝歌鸲	6
	树莺属	Asian Stubtail Warble	*Cettia squameiceps*	鳞头树莺	3
	鹨属	tree pipit	*Olive-backed Pipit*	树鹨	4
	岩鹨属	Brown brow rock pipit	*Prunella montanella*	棕眉岩鹨	3
鸡形目		rock partridge	*chukar*	石鸡	12
		ring-necked pheasant	*Phasianus colchicus*	环颈雉	12
		Dendrocoposminor	*Picoides mino*	小斑啄木鸟	8
				总计	916

（二）菌株、载体

大肠杆菌感受态 DH5a，BL21（DE3）菌种，pET-30a（+）载体及 pBluescript II KS（+）由中国农业科学院哈尔滨兽医研究所禽免疫抑制病创新团队保存。pMD-18T 载体购自 TAKARA（大连）公司。

（三）主要试剂及试剂盒

dNTP、DNAMarker、T4 DNA 连接酶、各种限制性内切酶 PrimeSTAR™ HS DNA Polymerase、EX Taq DNA 聚合酶均购自 TaKaRa 公司；胎牛血清（FBS）、Opti-MEM Medium、DMEM 为 GIBCO 产品；Avian Leukosis Virus Antibody Test Kit、Reticuloendotheliosis virus Antibody Test Kit、Avian Leukosis Virus Antigen Test Kit 购自美国 IDEXX 公司；反转录酶 M-MLV III 购自海基生物科技有限公司；Trizol plus RNA 购自 Invitrogen 公司；鸡抗 REV 多克隆抗体购自美国 Charles River 公司；FITC 标记的羊抗鼠 IgG、辣根过氧化酶（HRP）标记的兔抗鸡 IgG、荧光素（FITC）标记的羊抗鸡 IgG 均购自 Sigma 公司；DNA Gel Extraction Kit 和 Plasmid Miniprep Kit 购自 Axygen 公司；其他化学药品均为国产分析纯制品，引物由华大基因公司合成。

（四）实验仪器

Beckman Coulter 离心机（Beckman）；LNA-121 CO_2 培养箱；NIKON ECILIPSETS100 倒置显微镜；TakaraPCR 仪；HDL 生物安全柜；GS-15R 型低温高速离心机；LKB BROMMA 2301 MACRDDRIVE POWER Supply 型核酸电泳仪；DK-8D 型电热温水槽；DNA/RNA 定量仪；BECKMAN CS-Centrifuge 低温高速离心机；超声波破碎仪；温度梯度 PCR 仪（上海东胜科技有限公

司）；恒温振荡培养箱（TH2-82型）；XW-80A涡旋混合器（上海精科实业有限公司）；Eppendorf Biophotometer核酸浓度测定仪（Eppendorf）；HZQ-C空气浴震荡摇床（哈尔滨东联电子技术公司）；恒温培养箱（上海医用仪表厂WMZK-01）、DK-8D恒温水浴箱（上海精密实验设备有限公司）、pH计（inolab pH level I，Germany）、Nikon TS100倒置显微镜（Nikon）、Nikon TE2000U荧光显微镜（Nikon）、凝胶成像系统（Image Master VDS，瑞典Pharmacia公司产品）；电热恒温水槽（DK-8D，上海精宏实验设备有限公司）；电泳仪、电泳槽（Bio-Rad）；超净工作台（CJT-Z-11，北京昌平长城空气净化工程公司）。

二、实验方法

（一）样品采集及处理

取野鸟肝脏、脾脏、胸腺和法氏囊约0.1g，剪碎后用1.5mL含青霉素（终浓度100U/mL）和链霉素（终浓度100μg/mL）的0.01mol/L PBS悬浮，加入钢珠，经高通量组织研磨仪充分研磨成悬液，10 000r/min离心5min，取上清，分装三份，一份100μL用于DNA提取，一份200μL用于RNA提取，经PCR或RT-PCR进行病原的初步检测；剩余上清-70℃保存，用于病毒的分离培养。

（二）病毒基因组DNA和RNA提取

1. 病毒基因组DNA提取

将（一）中处理好的样品按照如下方法提取基因组DNA。

（1）向含有100μL组织研磨液的EP管中加入300μL盐酸胍裂解液（25mM柠檬酸钠，4 M盐酸胍，1％ Triton-X-100），轻轻震荡，至组织溶解完全，室温静置5min；

（2）加入 300μL 酚：氯仿：异戊醇（25：24：1），于振荡器上充分振荡，12 000r/min，离心 5min；

（3）取上清至新的 1.5mL EP 管中，重复（2）；

（4）取上清，加入等体积 100% 异丙醇，颠倒混匀后室温静置 15min；

（5）12 600r/min，离心 15min，小心弃去上清，保留沉淀；

（6）用 200μL70% 异丙醇洗涤沉淀，12 600r/min，离心 5min，弃去上清，室温干燥；

（7）用 20μL TE（pH8.0）重悬沉淀，备用。

2. 病毒基因组 RNA 提取

利用 Invitrogen 公司的 Trizol plus RNA 进行病毒基因组 RNA 提取，具体操作步骤如下。

（1）向分装有 200μL 病毒液的 1.5ml EP 管中加入 800μL RNAiso Plus，振荡后室温静置 1min，加入 200μL 氯仿，振荡器上振荡乳化后室温静置 5min。

（2）12 000g、4℃ 离心 15min。

（3）将上清转移至新的 EP 管，每管加入等体积的异丙醇，室温静置 10min。

（4）12 000g、4℃ 离心 10min。

（5）弃上清，加入 1mL75% 乙醇洗涤沉淀。

（6）12 000g、4℃ 离心 5min。

（7）弃上清，室温干燥后，用 30μL DEPC 水溶解沉淀，-80℃ 保存备用。

取提取的 RNA 10μL，加入 dNTP（10mM）1μL，Random Primer（50pM）1μL、65℃ 5min，冰浴 2min 后补加 DTT 2μL、5×First Buffer 4μL、M-MLV 1μL、RNaseOUT 1μL、20℃ 15min，37℃ 60min，75℃ 20min，获得 cDNA 模板，-80℃ 保存备用。

(三) 禽免疫抑制病病原的特异性 PCR 检测

1. 引物设计与合成

引物由上海 Invitrogen 公司合成（表 1-3）。针对 REV LTR 区设计合成 REV 检测引物 RF/RL，用于临床样品 REV 检测；设计引物 *gp90*U/*gp90*，用于 REV*gp90* 基因扩增；设计引物 *gp90*YU/*gp90*YL，用于 *gp90* 原核表达载体构建；参照 Smith[282] 等的方法设计引物 H5/H7，用于 ALV-J 特异性 PCR 检测，引物 H5/AD1，用于 A-E 亚群 ALV 特异性 PCR 检测；设计引物 *gp85*F/*gp85*R，用于 ALV-J *gp85* 基因扩增；合成引物 M1/M2，用于临床样品 MDV 检测；合成引物 CAV-F/CAV-R，用于临床样品 CAV 检测；引物 ARU/ARL 用于临床样品 ARV 检测。

表 1-3　引物

Table1-3　Primers

	Primer name	Sequence
REV (LTR)	RF	5'-GCCTTAGCCGCCATTGTA-3'
	RL	5'-CCAGCCTACACCACGAACA-3'
ALV-J	H5	5'-GGATGAGGTGACTAAGA-3'
	H7	5'-CGAACCAAAGGTAACACACG-3'
ALV (A-E)	H5	5'-GGATGAGGTGACTAAGA-3'
	AD1	5'-GGGAGGTGGCTGACTGTGT-3'
CAV	CAV-F	5'-AATGAACGCTCTCCAAGAAG-3'
	CAV-R	5'-AGCGGATAGTCATAGTAGAT-3'
ARV	ARU	5'-ATGGCGGGTCTCAATCCATC-3'
	ARL	5'-TTAGGTGTCGATGCCGGTAC-3'
MDV	M1	5'-GCCTTTTATACACAAGAGCCGAG-3'
	M2	5'-TTTATCGCGGTTGTGGGTCATG-3'
REV (*gp90*)	*gp90*U	5'-CAGGAATTCATGGACTGTCTCACC-3'
	*gp90*L	5'-AGAGTCGACCTTATGACGCCTAGC-3'
REV (*gp90*)	*gp90*YU	5' CAGGAATTCATGGACTGTCTCACC3'
	*gp90*YL	5' AGAGTCGACCTTA TGACGCCTAGC3'

（续表）

	Primer name	Sequence
ALV-J（*gp85*）	*gp85*F	5'-GGAGTTCATCTATTGCAACAACC-3';
	*gp85*R	5'-GCGCCTGCTACGGTGGT-3'

2. REV、ALV-J、CAV、MDV 特异性 PCR 检测

以（二）中提取的基因组 DNA 为模板，分别用以上检测引物进行 REV、ALV-J、ALV（A-E）、CAV、MDV 的特异性 PCR 扩增，反应程序为：94℃预变性 5min；94℃ 30s，54℃ 30s，72℃ 1min，35 个循环；72℃延伸 10min。以（二）提取的 cDNA 为模板，进行 ARV、IBDV 特异性 RT-PCR 扩增，其反应程序为：94℃变性 5min；94℃ 30s，56℃ 30s，72℃ 30s，35 个循环；72℃延伸 10min。

（四）野鸟源 REV 分离及 *gp90* 基因遗传演化分析

1. 病毒接种与细胞传代

取 PCR 初步检测呈 REV 阳性结果的病料对应的（一）中处理的上清液，0.22μm 滤器过滤除菌后，接种于培养在 12 孔细胞培养板，已铺满 60% 的 DF-1 单层细胞。37℃孵育 2h 后加含 1%FBS 的 DMEM 细胞维持液，37℃ CO_2 培养箱中维持培养，4~6d 后收毒，冻融 3 次后，吸取上清，作为 F1 代病毒，盲传至少 3 代至 F3 代病毒。收集的细胞毒反复冻融 3 次后，离心取上清，用于后续检测。同时设正常的未接毒的 DF1 细胞做对照。DNA 提取同实验方法中［二（二）］，PCR 检测同实验方法中（三）。

2. REV 间接免疫荧光（IFA）鉴定

将 DF1 细胞消化传代于 48 孔细胞培养板，用含 8% 胎牛血清的 DMEM 作为细胞生长液，待细胞铺满 70% 单层后，将细胞毒按常法接种培养于 DF1 细胞，置 37℃在 CO_2 培养箱培养 2h

后，吸去细胞毒，换含 4%胎牛血清的维持液，置 37℃ CO$_2$ 培养箱培养，7d 后进行间接免疫荧光检测。操作如下：甩干细胞培养液，无水乙醇固定细胞 15min；PBS 洗涤，弃去孔内液体后室温静置 3min；1∶100 稀释鸡抗 REV 多克隆抗体为一抗，37℃ 孵育 1h；PBST（0.05%Tween-20）洗涤 4 次（每次 5min）后加入 1∶100 倍稀释 FITC 标记的羊抗鸡 IgG，37℃ 避光孵育 1h；PBST 洗涤 4 次后置荧光显微镜下观察结果。细胞呈明显亮绿色荧光判为 REV 阳性，无明显亮绿色荧光者判为 REV 阴性。同时设不接毒细胞对照。

3. 电镜观察

将分离到的 REV 接种培养于中号细胞培养瓶的 DF1 细胞，37℃ CO$_2$ 培养箱培养至第 7 天，收集细胞培养上清，用细胞刷小心地从瓶底刮取细胞层，用少量 PBS 重悬，3 000 r/min 离心 15min，弃上清，将沉淀用 2.5%戊二醛固定，制作细胞切片进行电镜观察。

4. 分离病毒的体外复制研究

（1）细胞半数感染量（TCID$_{50}$）滴定。将 DBYR1102 第 9 代细胞病毒液用含 2% FBS 的 DMEM 细胞维持液倍比稀释成 10^{-1}、10^{-2}、10^{-3}、10^{-4}、10^{-5} 和 10^{-6} 共 6 个稀释度，取每一稀释度的病毒液 100μL，接种于 96 孔板的单层 DF-1 细胞上，每个稀释度感染一列 8 个孔，37℃、5%CO$_2$ 条件下培养 7d 后，进行 IFA 检测。按 Reed-Muench 法计算结果。同时用 PBS 作阴性对照。距离比率=（高于 50%的阳性率-50%）/（高于 50%阳性率-低于 50%阳性率）；TCID$_{50}$=高于 50%阳性率的病毒最高稀释度的对数+距离比率。

（2）病毒复制动力学。以 10^4TCID$_{50}$病毒液感染铺满单层的 CEF（约 10^6 个细胞），感染后 12h、24h、36h、48h、60h、72h 分别取细胞上清，滴定其 TCID$_{50}$效价。重复测定 3 次，取其平均值，绘制病毒复制动力学曲线。

5. REV *gp90* 基因克隆及遗传演化分析

按照（二）中操作方法提取 F3 代病毒液 DNA，用引物 *gp90*U/*gp90*L，按照 PrimeSTARTM HS DNA Polymerase 参考反应体系对提取基因组 DNA 进行 PCR 反应。同时提取正常的未接毒的 DF1 细胞 DNA 进行 PCR 扩增，作为阴性对照。反应条件为 95 ℃变性 5min，94℃30s，53℃30s，72℃1min20s，35 个循环；72℃延伸 10min。PCR 结束后，取 5μLPCR 产物经 1%琼脂糖凝胶电泳检测。剩余 PCR 产物加 A、胶回收后经 TA 克隆至 pMD18-T 载体，常规方法转化大肠杆菌 Top10F′感受态细胞，摇菌并提取质粒，经 PCR 鉴定，每个片段选 3 个阳性克隆送华大生物技术有限公司测序。用 DNAStar 软件对测序结果进行拼接，将各 REV 野鸟分离株 *gp*90 基因与在 GenBank 中公布的 REV *gp*90 基因进行序列比对分析。运用软件 DNAStar（5.01）和 MEGA（5.0）对 REV*gp*90 基因进行序列分析，bootstrap 选为 1 000 次。

6. DBYR1102 前病毒全基因组 DNA 克隆及序列分析

参照已发表的 REV 毒株 HLJR0901（GenBank Accession No GQ415646.2.）的基因序列，设计并合成了用于前病毒基因组 cDNA 扩增的连续且部分重叠，覆盖了整个基因组的 6 对引物（见表 1-4），引物由北京华大基因公司合成。

表 1-4　扩增 REV 分离株全基因组的引物序列
Table1-4　Primers for PCR in amplification of
fragments of the REV isolates

No	Name	Sequence（5′-3′）
1	R1F	AATGTGGGAGGGAGCTC
	R1R	TCGATCCTGCCTGTCCCAT
2	R2F	GCTTGCGAATAATACTTTGGAG
	R2R	CACAAGACGCCCTTCAGACT

（续表）

No	Name	Sequence (5′-3′)
3	R3F	AGGGAGTATCCTGGGAAGAG
	R3R	ACAACGGAAATAATAACCACGC
4	R4F	GGAGAAGACACCCTTGCTGCC
	R4R	TGAAGCCATCCGCTTCATGC
5	R5F	AAGAATGGACTGTCTCACC
	R5R	ATTCTGGTCAAATCATTG
6	R6F	CTTGAACGGCTTCCTTCCA
	R6R	CCCCCAAATGTTGTAC

　　将野鸟源 REV 分离毒 DBYR1102 感染细胞，提取感染细胞的基因组 DNA，并以此为模板，用引物 R1F/R1R、R2F/R2R、R3F/R3R、R4F/R4R、R5F/R5R、R6F/R6R（表 1-4），通过 PCR 反应，获得 DBYR1102 前病毒的 6 个相互重叠的片段。

　　PCR 反应体系如下：2.5mmol/L dNTP 4μL，PrimeSTAR™ HS DNA Polymerase 0.5μL，5×PrimeSTAR Buffer（Mg²⁺）10μL，DNA 模板 2μL，上下游引物各 1μL，补水至 50μL。R2-R5 段反应程序为：95℃ 5min；94℃ 30s，54℃ 30s，72℃ 2min30s，35 个循环；72℃10min。R1 和 R6 段反应程序为：95℃ 5min；94℃ 30s，54℃30s，72℃1min，35 个循环；72℃10min。PCR 反应同时设阴阳对照，提取中国东北分离株 HLJR0901 感染的 DF-1 细胞基因组 DNA 为阳性对照。提取正常的未感染 REV 的 DF-1 细胞基因组 DNA 为阴性对照。PCR 产物加 A 后，进行电泳和胶回收，胶回收产物连接 pMD18-T 载体，转化大肠杆菌 Top10F′感受态细胞，挑单克隆摇菌，按照 Plasmid Miniprep Kit 提取质粒，将获得的重组质粒分别命名为 pT-R1、pT-R2、pT-R3、pT-R4、pT-R5、pT-R6。经酶切和 PCR 鉴定，阳性克隆送北京华大基因公司测序。用 DNAStar（5.01）对测序结果比对拼接，用 MEGA

(5.0) 进行全基因组序列分析。

（五）野鸟源 ALV-J 分离及 *gp85* 基因遗传演化分析

1. 病毒接种与细胞传代

将 PCR 初步检测呈 ALV-J 阳性的病料接种 DF1 细胞。按照（四）中的方法，盲传至少 3 代至 F3 代病毒。同时设正常的未接毒的 DF1 细胞做阴性对照。收集细胞反复冻融 3 次后，离心取上清，按照（二）中方法提取 DNA，用引物 H5/H7 和 H5/AD1 进行 PCR 检测，方法同（三）2.，阳性对照由本研究室提供。

2. ELISA 检测 ALV-J p27 抗原

取（五）1. 中细胞上清 100μL，用 Avian Leukosis Virus Antigen Test Kit 检测 ALV-J 群特异性抗原 p27，具体操作按说明书进行。收集 p27 抗原检测结果呈阳性的细胞培养液，-70℃ 保存备用。

3. ALV-J 间接免疫荧光（IFA）实验

将 ALV-J PCR 检测阳性的细胞培养液接种于培养于 48 孔细胞培养板，已铺满 70%单层的 DF-1 细胞，37℃ CO_2 培养箱培养 5~7 d 后，进行 IFA 试验，步骤如下：预冷的无水乙醇 500μL/孔，固定细胞 20min；PBST（含 0.05%Tween-20）洗涤后自然晾干；按 500μL/孔加入 1：100 稀释的抗 ALV-J 单克隆抗体 8G8，37℃ 湿盒中孵育 1h；PBST 洗涤 3 次，3min/次；按 500μL/孔加入 1：100 稀释的 FITC 标记的鸡抗鼠 IgG；37℃ 湿盒中孵育 1h，PBST 洗 3 次后，荧光显微镜观察结果。同时设非接毒细胞为阴性对照。

4. ALV-J *gp85* 基因克隆及遗传演化分析

以提取的细胞基因组 DNA 为模板，用引物 *gp85*F/*gp85*R 进行 PCR 扩增野鸟 ALV-J 分离株的 *gp85* 基因片段。按照 Prime

STAR TM HS DNA Polymerase 参考反应体系对提取基因组 DNA 进行 PCR 反应。PCR 反应条件为：95℃ 5min；95℃ 30s，53℃ 30s，72℃ 1min 30s，30 个循环；72℃ 延伸 10min。PCR 产物加 A、胶回收后经 TA 克隆至 pMD18-T 载体，转化大肠杆菌 DH5a 感受态细胞，挑取单克隆摇菌后提取质粒，经 PCR 鉴定正确后，阳性克隆送华大生物技术公司测序。用 DNAStar（5.01）软件对测序结果进行比对拼接，用 MEGA（5.0）对 ALV-J 野鸟分离株和 GenBank 中公布的 ALV-J 毒株的 gp85 基因进行序列比对分析。

三、结果

（一）禽免疫抑制病病原 PCR 检测结果

对野鸟禽免疫抑制病病原的 PCR 检测情况见表 1-5。共对 916 份野生鸟类样品中进行了 REV 和 ALV-J 检测，PCR 检测结果显示，REV 阳性样本数为 98，总阳性率为 10.7%。其中野生水鸟阳性样本数为 78，阳性检出率为 13.4%；陆生鸟类阳性样本数为 20，阳性检出率为 6.0%。ALV-J 阳性样本数为 62，总阳性率为 6.8%。其中野生水鸟阳性样本数为 44，阳性检出率为 7.6%；陆生鸟类阳性样本数为 18，阳性检出率为 5.4%。对 146 份野生鸟类样品中进行了 CAV 检测，PCR 阳性样本数为 6，总阳性率为 4.1%。其中野生水鸟阳性样本数为 4，阳性检出率为 3.7%；陆生鸟类阳性样本数为 2，阳性检出率为 5.3%；对 188 份野鸟样品进行了 ALV-A 和 ALV-B 检测，16 份样品 ALV-A PCR 检测阳性，12 份样品 ALV-B PCR 检测阳性，阳性检出率分别为 8.5% 和 6.4%。对 108 份样品进行的 MDV 的 PCR 检测和对 68 份样品进行的 IBDV 和 ARV 检测，无阳性结果。

表 1-5　野鸟禽免疫抑制病病原 PCR 检测情况统计表

Table1-5　The PCR detection of avian immunosuppressive disease virus

	REV	CAV	ALV-A	ALV-B	ALV-J	IBDV	MDV	ARV
检测样品数	916	146	188	188	916	68	108	68
PCR 阳性	98	6	16	12	62	0	0	0
阳性率(%)	10.7	4.1	8.5	6.4	6.8			

　　2011 年 10 月至 2012 年 10 月，在吉林省向海地区共采集野鸟样品 479 份，结果有 76 份样品呈 REV PCR 检测阳性，该地区野鸟 REV 带毒率为 10.1%；42 份样品呈 ALV-J PCR 检测阳性，该地区野鸟 ALV-J 带毒率为 8.8%；对其中 120 份样品进行了 ALV-A 和 ALV-B 的 PCR 检测，结果由 11 份样品呈 ALV-A PCR 检测阳性，9 份样品 ALV-B PCR 检测阳性，该地区野鸟 ALV-A，ALV-B 带毒率分别为 9.2% 和 7.5%；对其中 120 份样品进行了 CAV 的 PCR 检测，结果有 4 份样品呈 CAV PCR 检测阳性，该地区野鸟 CAV 带毒率分别为 3.3%。对部分样品进行了 ARV 和 IBDV 的 RT-PCR 检测，结果均为阴性。

　　2011 年 10 月至 2012 年 10 月，在黑龙江省帽儿山地区共采集野鸟样品 179 份，结果有 22 份样品呈 REV PCR 检测阳性，该地区野鸟 REV 带毒率为 12.3%；20 份样品呈 ALV-J PCR 检测阳性，该地区野鸟 ALV-J 带毒率为 11.2%；对其中 68 份样品进行了 ALV-A 和 ALV-B 的 PCR 检测，结果由 5 份样品呈 ALV-A PCR 检测阳性，3 份样品 ALV-B PCR 检测阳性，该地区野鸟 ALV-A，ALV-B 带毒率分别为 7.4% 和 4.4%；对其中 26 份样品进行了 CAV 的 PCR 检测，结果有 2 份样品呈 CAV PCR 检测阳性，该地区野鸟 CAV 带毒率分别为 7.7%。

　　对辽宁省盘锦、黑龙江省扎龙和黑龙江省东方红地区采集的小鸟样品进行了 REV 和 ALV-J 的特异性 PCR 检测，无阳性结果。对其中 108 份小鸟病料进行了 MDV 的 PCR 检测，未见阳性结果。

部分样品 PCR 初检结果见图 1-1，图 1-1A 是 REV PCR 检测结果，除 17、18 孔为阴性外，其余检测样品均为阳性；图 1-1B 是 ALV-J PCR 检测结果，除 15 孔、16 孔为阴性外，其余检测样品均为阳性，但条带亮度有差异。

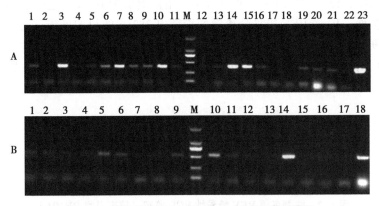

图 1-1　野鸟样品 REV 和 ALV-J PCR 检测结果

Fig. 1-1　Results of PCR detection REV and ALV-J of wild birds

（A, Specific primer pair RF/RLfor REV detection；B, Specific primer pair H5/H7 for ALV-J detection）M：DL2000Marker；A-22，B-17：negative control；A-23，B-18：positive control

（二）野鸟源 REV 分离鉴定

从不同种类的野鸟样品中，共分离到 10 株野鸟源 REV 毒株，病毒分离情况详见表 1-6。从表中可以看出，从针尾鸭、绿头鸭、斑嘴鸭、凤头潜鸭、红胁蓝尾鸲、黄斑苇鸦各分离到 1 株病毒，从花脸鸭分离到 4 株病毒。对各野鸟 REV 分离株进行命名，其中，DBYR1203 和 DBYR1204 分离自雀形目的小鸟，其余 8 株分离自雁形目的野鸭。未能从鹀鹀科的野鸟体内分离到病毒。

1. REV PCR 检测结果

病料接种 DF-1 细胞并盲传 3 代后，提取细胞培养上清基因组 DNA，并以此为模板、用 REV 特异性检测引物 RF/RL 进行 PCR 检测。提取感染 HLJR0901 DF1 细胞基因组 DNA 进行 PCR 反应，作为阳性对照。如图所见，用检测引物 RF/RL 进行 PCR 扩增，10 株 REV 野鸟分离毒均扩增出 383bp 的目的条带，与预期相符，而对照组中 DF-1 细胞 DNA 中未扩增出相应目的片段（见图1-2）。用引物 $gp90U/gp90L$ 进行 PCR 扩增，10 株 REV 野鸟分离毒均扩增出与预期相符的目的条带（见图1-3）。

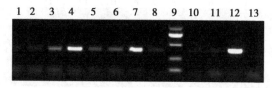

图1-2 株野鸟源 REV 特异性 PCR 鉴定（鉴定引物 RF/RL）

Fig1-2 Identification of 10 REV isolates by PCR（primer pair RF/RL）

1：DBYR101；2：DBYR1102；3：DBYR1103；4：DBYR04；5：DBYR1105；6：DBYR1106；7 DBYR1201；8：DBYR1202；9：2000Marker；10：DBYR1203；11：DBYR1204；12：阳性对照 Positive control；13：阴性对照 Negative control

2. 间接免疫荧光结果

病料感染 DF1 后以及在其后的盲传过程中，均未出现明显细胞病变。间接免疫荧光检测结果显示，10 个分离 REV 感染孔的 DF1 细胞出现明显的黄绿色荧光信号，而正常的 DF1 细胞对照孔没有荧光信号（图1-4）。

1 2 3 4 5 6 7 8 9 10 11 12 13

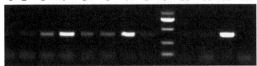

图1-3　株野鸟源 REV *gp90* 特异性 PCR 鉴定（引物 *gp90*U/*gp90*L）.

Fig. 1-3　Identification of 10 REV isolates by PCR special to REV *gp90*（primer pair *gp90*U/*gp90*L）.

1：阴性对照 Negative control；2：阳性对照 Positive control；3：2000 Marker；4：DBYR101；5：DBYR1102；6：DBYR1103；7：DBYR1104；8：DBYR1105；9：DBYR1106；10：DBYR1201；11：DBYR1202；12：DBYR1203；13：DBYR1204

图1-4　间接免疫荧光检测

Fig. 1-4　Results of indirect immunofluorescence assay

1：DBYR1102；2：阴性对照　1：DBYR1102；2：Negative control

3. 电镜观察结果

电子显微镜观察病毒粒子在细胞内的分布情况。如图1-5所示，病毒粒子呈圆形，直径100~110nm，有囊膜，与 REV 的形态结构一致。而未接毒的 CEF 细胞在电镜下没有观察到病毒粒子。

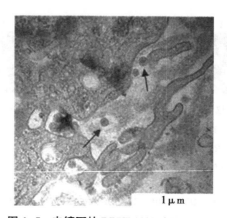

1μm

图 1-5　电镜下的 DBYR1102（40 000 X）

Fig. 1-5　Electron micrograph of DBYR1102（40 000 X）

4. 间接免疫荧光结果野生鸟类 REV PCR 检出率与病毒分离率统计

不同品种野鸟 REV 的 PCR 检出率和病毒分离率不同，具体情况见表 1-6。

表 1-6　野生鸟类 REV PCR 检出率与病毒分离率统计表

Table1-6　Statistics of REV PCR detection and

viral isolation rate of wild bird

品种	数量	PCR 阳性	PCR 检出率（%）	病毒分离数	病毒分离率（%）
花脸鸭	237	38	16.0	4	10.5
针尾鸭	7	2	28.6	1	50
斑嘴鸭	34	7	20.6	1	14.3
凤头潜鸭	12	3	25.0	1	33.3
绿头鸭	20	3	15.0	1	33.3
绿翅鸭	65	8	12.3	0	—

（续表）

品种	数量	PCR 阳性	PCR 检出率（%）	病毒分离数	病毒分离率（%）
翘鼻麻鸭	15	3	20.0	0	—
白骨顶鸡	21	4	19.0	0	—
红头潜鸭	59	6	10.2	0	—
琵嘴鸭	35	4	11.4	0	—
红肋蓝尾鸲	9	1	11.1	1	100
黄斑苇鹃	9	2	22.2	1	50
黄眉柳莺	47	6	12.8	0	—
黄喉鹀	60	5	8.3	0	—
灰头鹀	19	3	15.8	0	—
长尾雀	8	2	25.0	0	—
茶腹鸤	5	1	20.0	0	—

（三）野鸟源 REV *gp90* 基因序列分析及遗传演化分析

扩增从此项研究中分离到的 10 株野鸟源 REV 的 *gp90* 基因，序列上传 GenBank。共分析比对包括本实验分离到的 10 株野鸟源 REV 在内的共 30 株 REV 的 *gp90* 基因序列，其余序列来自 Genebank，包括 REV Ⅰ、Ⅱ、Ⅲ 型的典型代表毒株 170A，SNV 和 CSV。序列汇总见表 1-7。

所有 REV 分离株 *gp90* 基因大小为 1 182~1 191bp，REV-T 株，170A 株和中国南方早期分离株 HA990 在 *gp90* 基因的 338 到 343bp 存在 6nt 的缺失；JLR0901 在 *gp90* 基因的 1 000~1 008 bp 存在 9nt 的缺失；其余的 REV *gp90* 基因均为 1 191bp，编码 397 个氨基酸。与 REV Ⅲ 型代表毒株 CSV 相比，DBYR1101，

DBYR1104，DBYR1105 和 DBYR1201 有 11 个核苷酸的差异，DBYR1202 有 12 个核苷酸的差异，DBYR1103，DBYR1203 和 DBYR1204 有 13 个核苷酸的差异，DBYR1102 和 DBYR1106 有 14 个核苷酸的差异。序列分析结果表明，不同 REV 分离株 gp90 基因核苷酸序列同源性为 93.3%~100%，最大遗传距离为 6.9% （图 1-6）。氨基酸序列同源性为 92.4%~100%，最大遗传距离为 8% （图 1-6）。10 株株野鸟源 REV 分离株 gp90 基因与 REV 3 个型的代表株 170A、SNV 和 CSV 的氨基酸同源性分别为 95.2%~95.7%，93.5%~94.2% 和 97.7%~98.5%；由此可见，与 REV I 型和 II 型代表毒株 170A、SNV 相比，10 株野鸟源 REV 分离株 gp90 基因与 REV III 型代表毒株 CSV 株相似性更高。与中国台湾地区鸡源分离株（3337-05，3295-04 和 3122-03）的氨基酸序列同源性分别为 99.2%~100%，99%~99.7% 和 98.7%~99.5%；与中国台湾地区鸭源毒株 3410-06 的氨基酸序列同源性 99.2%~100%；与美国草原榛鸡毒株 APC-566 的氨基酸序列同源性 99%~99.7%；与美国火鸡毒株 Isol 11，肉鸡毒株 Isol 7 以及野鸡毒株 Isol 3 的氨基酸序列同源性分别为 98.5%~99.2%，98.5%~99.2% 和 98.7%~99.2%（图 1-6）。

表 1-7　构建遗传进化树所用 REV 毒株序列汇总

Table 1-7　REV strains used in the construction of phylogenetic trees

No. [a]	Isolate	Origin	Yr	Accession no.	Host[b]
1	DBYR1101	China	2011	KC884559	针尾鸭
2	DBYR1102	China	2011	KC884555	绿头鸭
3	DBYR1103	China	2011	KC884562	花脸鸭
4	DBYR1104	China	2011	KC884563	花脸鸭
5	DBYR1105	China	2011	KC884560	花脸鸭
6	DBYR1106	China	2011	KC884561	斑嘴鸭

（续表）

No. [a]	Isolate	Origin	Yr	Accession no.	Host [b]
7	DBYR1201	China	2012	KC884554	凤头潜鸭
8	DBYR1202	China	2012	KC884558	花脸鸭
9	DBYR1203	China	2012	KC884557	红肋蓝尾鸲
10	DBYR1204	China	2012	KC884556	黄斑苇鳽
11	170A	USA	2010	GU222420	鸡
12	SNV	USA	2005	DQ003591	鸡
13	CSV	USA	2010	GU222415	鸡
14	REV-T	USA	2010	GU222419	鸡
15	FA	USA	2003	AF246698	鸡
16	HA9901	China	2006	AY842951	鸡
17	HLJ071	China	2010	GQ375848	鸡
18	HLJR0801	China	2010	GU012640	鸡
19	HLJR0901	China	2010	GQ415646	鸡
20	JLR0801	China	2010	GQ415644	鸡
21	JLR0901	China	2010	GU012646	鸡
22	LNR0801	China	2010	GU012641	鸡
23	3122-03	Taiwan	2007	DQ513316	鸡
24	3295-04	Taiwan	2007	DQ513317	鸡
25	3337-05	Taiwan	2009	FJ439120	鹅
26	3410-06	Taiwan	2009	FJ439119	鹅
27	APC-566	USA	2006	DQ387450.1	草原榛鸡
28	Isol 3	USA	2010	GU222416	鸡
29	Isol 7	USA	2010	GU222417	鸡
30	Isol 11	USA	2010	GU222418	鸡

REVgp90 基因核苷酸序列进化分析显示：10 个野鸟源 REV 分离株之间以及与我国东北地区近几年分离株亲缘关系较近，核苷酸序列同源性为 99.1%～100%，推导氨基酸序列同源性为

图 1-6　REV *gp90* 基因氨基酸序列比对

Fig. 1-6　Alignment of amino acid sequences of the *gp90* genes of the REV wild bird isolates and representative REV reference strains

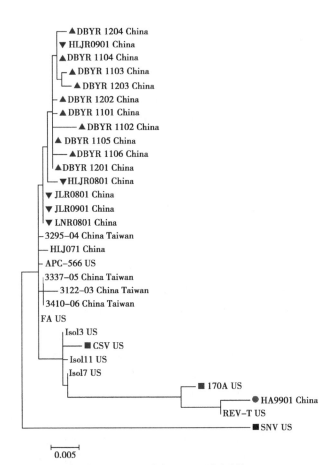

0.005

■ 代表REV Ⅰ型代表毒株170A；　■ 代表REV Ⅱ型代表毒株ANV；

■ 代表REV Ⅲ型代表毒株CSV；　▲ 代表本研究分离到的野鸟源ALV-J；

▼ 代表近些年我国东北分离株；　● 代表我国南方分离株HA9901

图1-7　REV*gp90*基因核苷酸遗传进化树

Fig. 1-7　Phylogenetic tree based on the complete

***gp90* nucleotide sequence of REV**

98.7%~100%，与现有的北方分离株趋于形成一个北方分离群；与中国台湾地区分离株，美国草原榛鸡分离株 APC-566 以及插入到禽痘病毒（FPV）的 REV 前病毒 FA 株亲缘关系较近，处于同一分枝；而与我国早期南方分离株 HA9901 亲缘关系较远，分布在两个不同分枝上，氨基酸序列同源性分别为 94.2%~94.7%；与 REV Ⅱ 型代表毒株美国鸭源参考株 SNV 分处在不同分枝，亲缘关系更远（图 1-7）。

（四）DBYR1102 全基因组克隆及序列分析

1. DBYR1102 全基因组克隆

用 6 段引物扩增 DBYR1102 全基因组序列，测序结果显示 6 个扩增片段相互重叠，长度分别为 R1（952bp）、R2（1782bp）、R3（2179bp）、R4（1617bp）、R5（1777bp）和 R6（768bp）。

2. DBYR1102 全基因组序列分析

经过序列拼接，DBYR1102 基因组全长 8 237bp，其基因组结构为 5′-LTR-gag-pol-env-LTR-3′，在核苷酸组成上，A、T、G、C 含量分别为 25.37%、22.40%、26.26% 和 26.00%。

（1）LTR 及其调控元件。DBYR1102 株的 LTR 长 543bp，与其他反转录病毒类似，由典型结构 U3-R-U5 组成，长度分别为 363bp、78bp 和 102bp。U3 区的长度差异造成不同毒株 LTR 区长度不同。DBYR1102 株的 LTR 与 REV 插入禽痘病毒的 FA 株，东北地区禽源分离株 HLJR0901 和中国台湾地区鹅源分离株 goose/3410/06 高度同源，遗传相似性高达 100%。

与美国草原榛鸡分离株 APC-566 的相似性也比较高，在99% 以上，而与我国早期南方分离株 HA9901，同源率不到 90%。

（2）gag。DBYR1102 株的 gag 基因长为 1 500bp，编码 499 个氨基酸，氨基酸序列分析发现，DBYR1102 与 HLJR0901，goose/3410/06 及 FA 株 gag 基因同源率在 99% 以上，而与我国早

期南方分离株 HA9901 的同源性较低，与 SNV 株同源性最低。

（3）pol。DBYR1102 株的 pol 基因位于基因组的 2 434~ 6 015bp，长 3582bp，编码 1 193 个氨基酸。pol 基因和 gag 基因属于同一个 ORF，通过一个特殊的通读机制而抑制 gag 末端的琥珀终止子，前体蛋白 gag-pro-pol 得以表达。在所比较的毒株中，pol 基因没有插入或缺失现象。除了 SNV 株，gag 蛋白 N 端前 14 和 C 端后 32 个氨基酸完全一致。与 HA9901 和 SNV 株的各基因相比，DBYR1102 与其 pol 基因的同源率是最高的，分别为 98.3% 和 87.6%，与其他四株病毒的同源性也均在 99.7% 以上。

（4）env。DBYR1102 株的 env 基因与 pol 基因部分重叠，大小为 1 761bp，编码 586 个氨基酸。DBYR1102env 蛋白的裂解位点位于 397 位和 398 位氨基酸之间，env 蛋白在高尔基体处被裂解为囊膜表面蛋白（gp90）和穿膜蛋白（gp20）。DBYR1102env 蛋白的 459~493 位氨基酸存在一个 35 个氨基酸大小的高度保守的免疫抑制肽。DBYR1102 株的 env 基因与 HLJR0901，goose/ 3410/06 及 FA 株的同源性较高，在 99.8% 以上，而与 HA9901 同源性为 95.8%，与 SNV 的同源性仅 95%。

（五）野鸟源 ALV-J 分离鉴定

1. DBYR1102 全基因组克隆 ALV-J 特异性 PCR 检测结果

病料接种 DF-1 细胞并盲传 3 代后，提取细胞培养上清基因组 DNA，并以此为模板，用 ALV-J 特异性检测引物 H5/H7 进行 PCR 检测，扩增出 545bp 的目的条带，与预期相符，而阴性对照组中 DF-1 细胞 DNA 中未扩增出相应目的片段（如图 1-8）。gp85 基因 PCR 扩增的目的片段约 900bp，与预期大小一致。测序结果显示，该片段是 ALV-J 的 gp85 基因，长度分别为 921bp 和 924bp。

2. ELISA 检测结果

按照 IDEXX ALV 抗原检测试剂盒说明书对接毒组和 PBS 空

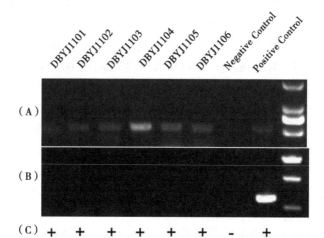

图 1-8　6 株 ALV-J 分离毒 PCR 鉴定及 ELISA 检测结果

**Fig. 1-8　Identification of 6 ALV-J wild-bird isolates
with PCR and indirect ELISA**

（A）primer pair H5/H7；（B）primer pair H5/AD1；（C）AC-ELISA

1：DBYJ101；2：DBYJ1102；3：DBYJ1103；4：DBYJ1104；5：DBYJ1105；6：
DBYJ1106；7：阴性对照 Negative control；8：阳性对照 Positive control；9：DL2000

白组细胞培养物上清进行 ALV-p27 抗原检测。结果表明，接种
野鸟源 ALV-J 分离株的细胞上清培养物的 S/P 值均在 0.42 以上
（S/P≤0.2 为阴性，S/P>0.2 为阳性为判定标准），而空白对照
组的 S/P 值为 0.05，说明细胞培养物中存在 ALV。

3. 间接免疫荧光结果

如图 1-9 所示，荧光显微镜下观察，野鸟源 ALV-J 分离株
感染的 DF1 细胞呈黄绿色荧光信号，而正常 DF1 细胞对照没有
荧光信号。

4. 野生鸟类 ALV-J PCR 检出率与病毒分离率统计

不同品种野鸟 ALV-J 的 PCR 检出率和病毒分离率不同，具

图 1-9　间接免疫荧光检测

Fig. 1-9　Results of indirect immunofluorescence assay

1：DBYJ1101；2：阴性对照 Negative control

体情况见表 1-8。

表 1-8　野生鸟类 ALV-J PCR 检出率与病毒分离率统计表

Table1-8　Statistics of ALV-J PCR detection and

viral isolation rate of wild bird

品种	数量	PCR 阳性	PCR 检出率（%）	病毒分离数	病毒分离率（%）
花脸鸭	237	15	6. 3	1	6. 7
针尾鸭	7	1	14. 3	1	100
斑嘴鸭	34	3	8. 8	1	33. 3
赤膀鸭	8	1	12. 5	1	100
凤头潜鸭	12	3	25	1	33. 3
绿头鸭	20	3	15	0	—
琵嘴鸭	35	3	8. 6	0	—
绿翅鸭	65	3	4. 6	0	—
翘鼻麻鸭	15	3	20	0	—

（续表）

品种	数量	PCR 阳性	PCR 检出率（%）	病毒分离数	病毒分离率（%）
白骨顶鸡	21	3	14.3	0	—
红头潜鸭	59	3	5.1	0	—
琵嘴鸭	35	3	8.6	0	—
红肋蓝尾鸲	9	2	22.2	1	50
黄喉鹀	60	4	6.7	1	25
黄斑苇鳽	9	1	11.1	0	—
黄腰柳莺	11	1	9.1	0	—
黄眉柳莺	47	5	10.6	0	—
灰头鹀	19	2	10.5	0	—
长尾雀	8	1	12.5	0	—
茶腹鳾	5	1	20	0	—
黑喙鹊	4	1	25	0	—

5. 野鸟 ALV-J 分离株 gp85 基因序列分析

用于比对的 ALV-J gp85 基因长为 894~924bp，分别编码 298~308 个氨基酸，氨基酸序列同源性为 81.2%~100%。本实验共分离到 6 株野鸟源 ALV-J，其中，DBYJ1001，DBYJ1103 和 DBYJ1104 的 gp85 基因开放阅读框架（ORF）为 921bp；DBYJ1101，DBYJ1102 和 DBYJ1105 的 gp85 基因 ORF 为 924bp，分别编码 307 和 308 个氨基酸。与 ALV-J 原型株 HPRS-103 相比，6 株 ALV-J 野鸟分离株 gp85 基因核苷酸序列同源性为 93.1%~99.7%，推导氨基酸序列同源性为 93.1%~99.7%。与另外 1 株国际肉鸡参考株 ADOL-Hcl 的 gp85 基因氨基酸同源性分析发现，6 株 ALV-J 野鸟分离株与 ADOL-Hcl 的同源性为（94.1%~95.7%）。毒株 DBYJ1102，DBYJ1103，DBYJ1004 和

DBYJ106 之间表现出高度的序列相似性（高于 95.8%），与近几年 ALV-J 蛋鸡分离株的推导氨基酸序列相似性为 94.4%~98.3%（图 1-10）。且 DBYJ1102 与另一株野鸟源 ALV-J 毒株 WB11098 表现出高度同源，推导氨基酸序列相似性达到 99.4%。而毒株 DBYJ1101 和 DBYJ1105 之间氨基酸相似性为 99.4%，与原型株 HPRS-103 相比，序列相似度分别为 99.6% 和 99.4%。DBYJ1102，DBYJ1103，DBYJ1004 和 DBYJ106 与中国肉鸡参考毒株 gp85 氨基酸同源性平均为 83.2%~94.3%，与 NX0101 的同源性平均为 93.3%~93.7%。以上结果表明，6 株 ALV-J 野鸟分离株 gp85 基因变异较大，其中两株与 ALV-J 英国肉鸡原型毒株 HPRS-103 株亲缘关系最近。另外 4 株与中国近几年蛋鸡分离株亲缘关系较近。

6. 各分离株 gp85 基因编码的氨基酸与参考毒株的遗传进化树分析

从不同种类的野鸟样品中，共分离到 6 株野鸟源 ALV-J 毒株，病毒分离情况详见表 1-9。从表中可以看出，各从针尾鸭、赤膀鸭、斑嘴鸭、红胁蓝尾鸲、黄喉鹀、花脸鸭分离到 1 株病毒，分别命名为 DBYJ1101，DBYJ1102，DBYJ1103，DBYJ1104，DBYJ1105 和 DBYJ1106。其中 DBYJ1104，DBYJ1105 分离自小型鸟，其余 4 株分离自野鸭。构建进化树的 ALV-J 毒株序列见表 1-9。采用 DNAStar MegAlign 绘制遗传进化树（图 1-11）。如图所示，毒株 DBYJ1102，DBYJ1103，DBYJ1004 和 DBYJ106 与近几年 ALV-J 蛋鸡分离株亲缘关系较近，处于同一分支，被称为Ⅰ群。而毒株 DBYJ1101 和 DBYJ1105 与原型株 HPRS-103 亲缘关系较近，处于另一分支，被称为Ⅱ群。美国代表毒株 UD5 以及大多数的肉鸡分离株也被在同一群中（图 1-11）。表明野鸟分离株 gp85 基因发生了很大变异。

百分率对比 (Percent Identity)

	序号	毒株
1		NHH
2		WB11098(J)
3		GL09DPV2
4		HN1001-1
5		JS09GY3
6		JS09GY6
7		PL09DPS-2
8		SNR807
9		SD090991ZJ
10		SD090991SJ
11		GD1109
12		HN1001-2
13		Hu0809DT02
14		DBYJ1102
15		DBYJ1103
16		DBYJ1104
17		DBYJ1106
18		DBYJ1101
19		DBYJ1105
20		HPRS103
21		CAUGX01
22		JS-nt
23		NM2002-1
24		N0101
25		SD0002
26		SD0101
27		SD9901
28		SD9902
29		UD5
30		Y29901
31		ADOL-Hc1
32		HAY013

相同率比较 (Divergence)

图1-10　野鸟源 ALV-J 分离株与参考株 *gp85* 氨基酸序列同源性比较

Fig. 1-10　Comparasion of *gp85* at amino acid level of the ALV-J wild bird isolates with other chicken ALV-J reference strains

表 1-9　序列分析比对所用 ALV-J 毒株汇总

Table1-9　ALV-J strains used in the construction of the phylogenetic tree

No. [a]	Isolate	Origin	Yr	Accession no.	Host[b]	Reference or source[c]
1	DBYJ1101	China	2011	KC875863	针尾鸭	VI
2	DBYJ1102	China	2011	KC875858	赤膀鸭	VI
3	DBYJ1103	China	2011	KC875860	斑嘴鸭	VI
4	DBYJ1104	China	2011	KC875862	红胁蓝尾鸲	VI
5	DBYJ1105	China	2011	KC875861	黄喉鹀	VI
6	DBYJ1106	China	2011	KC875859	花脸鸭	VI
7	WB11098（J）	China	2012	JX848322	野鸟	
8	SD07LK1	Shandong, China	2007	FJ216405	PL	
9	PL09DP5-1	Shandong, China	2009	JN378891	PL	
10	PL09DP5-2	Shandong, China	2009	JN378893	PL	
11	GL09DP02	Shandong, China	2009	JN378887	PL	
12	JS09GY2	Jiangsu, China	2009	GU982307	CL	
13	JS09GY3	Jiangsu, China	2009	GU982308	CL	
14	JS09GY5	Jiangsu, China	2009	GU982309	CL	
15	JS09GY6	Jiangsu, China	2009	GU982310	CL	
16	SX090912J	Shanxi, China	2009	HQ386988	CL	
17	SX090915J	Shanxi, China	2009	HQ386989	CL	
18	HN1001-2	Henan, China	2010	HQ260975	CL	
19	NHH	China	2009	HM235668	CL	
20	HuB09JY04	Hubei, China	2009	JN378888	CL	
21	SD09TA04	Shandong, China	2009	JN378893	CL	
22	GL09DP01	Shandong, China	2009	JN378886	CL	
23	CL09DP02	Shandong, China	2009	JN378883	CL	

(续表)

No. [a]	Isolate	Origin	Yr	Accession no.	Host[b]	Reference or source[c]
24	CL09DP03	Shandong, China	2009	JN378884	CL	
25	CL09DP04	Shandong, China	2009	JN378885	CL	
26	GD1109	China	2011	JX254901	L	
27	HPRS103	UK	1988	Z46390	M	
28	ADOL-Hc1	USA	1993	AF097731	BB	
29	UD5	USA	2000	AF307952	M	
30	YZ9901	China	1999	AY897222	CB	
31	SD9901	China	1999	AY897220	BB	
32	SD9902	China	1999	AY897221	BB	
33	SD0001	China	2000	AY897223	BB	
34	SD0002	China	2000	AY897224	CB	
35	SDC2000	China	2000	AY234052	BB	
36	SD0101	China	2001	AY897225	BB	
37	JS-nt	China	2003	HM235667	—	
38	10022-20	USA	2006	GU222401	M	
39	HA08	China	2009	HM235664	—	

[a] 1-6 为本研究分离到的 ALV-J 毒株；7-39 为 GenBank 发表序列. [b] 代表 ALV-J 分离的物种. CL-商品化蛋鸡；PL-父母代蛋鸡；M-肉鸡；BB-肉种鸡；CB- 商品肉鸡. -分离株背景不明. [c] VI：本研究分离的病毒。

四、讨论

此项研究中对 2011 年 10 月至 2012 年 10 月期间采自我国东北地区的野生鸟类样品进行了 REV、ALV-A、ALV-B、ALV-J、CAV、MDV、IBDV、ARV 等禽免疫抑制病病原的检测，PCR 初步检测结果发现，野鸟 REV 和 ALV-J 带毒情况较普遍，916 份

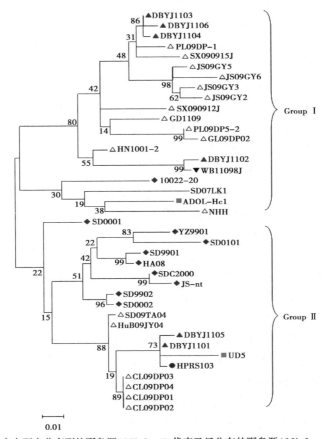

▲ 代表本研究分离到的野鸟源ALV-J； ▼ 代表已经公布的野鸟源ALV-J；

● 代表ALV-J原型毒株HPRS-103； ■ 代表美国肉鸡分离株；

◆ 代表中国肉鸡分离株； △ 代表中国蛋鸡分离株。

图1-11 ALV-J*gp85*基因推导氨基酸序列遗传进化树

图1-11 Phylogenetic tree based on the complete *gp85* deduced amino acid sequence of ALV-J

野鸟样品，REV 总检出率为 10.7%，ALV-J 总检出率为 6.8%，且野鸭的带毒率明显高于小型鸟。对部分野鸟样品进行了 ALV-A、ALV-B、CAV 的 PCR 检测，检出率分别为 8.5%、6.4% 和 4.1%。对部分样品进行了 MDV IBDV 和 ARV 检测，无阳性结果。从地域分析，针对从吉林向海、黑龙江帽儿山、辽宁盘锦、黑龙江扎龙、黑龙江东方红几个地方采集样品的检测结果，从吉林向海地区采集的野鸟样品带毒率较高和病毒分离率较高，一方面，与采集样品数量有关，在向海共采集野鸟样品 479 份，占野鸟样品总数的 52.3%。另一方面，与其自然生境等客观条件有着关系密切。该地区为湿地生境类型，都位于候鸟的迁徙通道上，迁徙水禽数量和品种丰富，因此带毒率高。有研究表明，与雁形目的野鸭相比，雀形目鸟类禽流感病毒的分离率往往较低。本实验结果表明，在黑龙江帽儿山、东方红所采的样本主要是森林中的陆生鸟类，以雀形目鸟类为主，野鸟带毒率较低。本次调查表明春季和秋季采集的野鸟样品均携带 REV 和 ALV-J，因此季节性不明显。

研究中首次从中国北方地区野鸟中分离到 REV 和 ALV-J，共分离到 10 株野鸟源 REV 和 6 株 ALV-J，并对 10 株 REV 的 *gp90* 基因和 6 株 ALV-J 的 *gp85* 基因进行了克隆和序列测定，并与流行毒株和参考毒株构建系统进化树，以便更好地了解野鸟源 REV 和 ALV-J 的分子特征并阐明中国野生鸟类的 REV 和 ALV-J 流行病学特点。研究结果表明，2011—2012 年，中国北方地区野鸟携带 REV 和 ALV-J，野鸟 REV 分离株与美国分离株和中国台湾部分分离株亲缘关系较近，与 REV Ⅲ 型代表毒株 CSV 株处于同一分支，且与中国北方禽源分离株趋于形成北方分离群，提示可能起源于相同的祖先；野鸟 ALV-J 表现为两种类型，一类与原型毒株 HPRS-103 亲缘关系较近，另一类与中国近几年蛋鸡分离株亲缘关系较近。总体来说，*gp90* 基因变异不大，与以往研究结果相符[283]。以上结果提示我们野鸟源 REV 和 ALV-J 与中国家禽 REV 和 ALV-J 流行毒株存在着某种关系，我们需要思考野鸟源病毒的来源并密切注意野鸟在疾病传播中发挥的潜在作用（包括鸟-鸟传播）。对本研究采集的野鸟样品进行剖检过程中，并未发现 REV 或 ALV-J 感染的肿瘤病变或其他明显的病理变化。

研究中采集的野鸟绝大多数都是定期迁徙的候鸟，这些野鸟春节 3 月开始北迁，4-5 月份到达中国东北三省的栖息地，或在此进行繁殖或继续北迁，秋季 9 月开始随气温降低陆续南迁，10—11 月经过东北 3 省的栖息地。目前世界上有 8 条野生鸟类的迁徙路线，其中经过中国的有 3 条。东北地区位于"东亚—澳大利亚迁徙通道"，是野鸟的主要繁殖地，每年都有大批的野鸟来此地繁殖。根据采集样品的种类，这些野鸟绝大多数是来自东亚-澳大利亚迁徙线，这条迁徙路线覆盖了中国的东部沿海省份和东北三省，而在此区域遍布大小型的养禽场，有学者报道自 2009 年来在中国山东等省份暴发了 ALV-J。从结果看，4 株野鸟分离株与中国近几年流行的蛋鸡分离株亲缘关系较近，因此推测野鸟有可能在迁徙过程中与感染的家禽有密切接触而相互传播；但是目前也没有足够的证据表明分布在该迁徙路线上的养禽场 ALV 爆发在时间上与候鸟迁徙季节完全吻合。

综上所述，多种野鸟可自然感染携带 REV 和 ALV-J，成为这些病原的自然贮存宿主和潜在的传染源；病毒基因同源性比较分析结果提示，存在着野鸟与家禽之间病原的相互传播关系。但野鸟种类繁多，对 REV 和 ALV-J 易感的物种主要有哪些，病毒对其易感宿主是否具有直接的致病作用或对宿主健康存在着间接的负面影响，以及病毒在野鸟间、野鸟与家禽间的传播特点等许多问题还尚不清楚。因此，野鸟 REV 和 ALV 的感染状况、病毒与宿主关系以及野鸟在 REV 和 ALV 传播流行中起到怎样的作用等问题还有待于进一步地深入研究。

第二章 REV 致病机制研究

第一节 REV p30 蛋白的表达纯化及 ELISA 检测方法的初步建立

REV 具有致瘤性，可引起感染禽的免疫抑制，干扰其他禽病疫苗的免疫效果，导致免疫失败，因此加强鸡群血清抗体监测，淘汰带毒个体，对疾病预防控制具有重要意义。核心蛋白（*gag*）是 REV 的结构蛋白，与同属病毒相比，氨基酸序列比较保守，抗原性相似，是群抗原。核心蛋白由 *gag* 基因编码，该基因的初始产物是一个大的蛋白质前体，在成熟加工修时期，被病毒自身蛋白酶的裂解成数种小的成熟结构蛋白，如核衣壳蛋白 p10（NC）、衣壳蛋白 p30（CA）和基质蛋白 pp18（MA）。其中，衣壳蛋白 CA 构成病毒粒子双层衣壳的内壳，具有疏水性，氨基酸序列比较保守，同属病毒的衣壳蛋白具有相同或相似的抗原性。CA 由 p30 编码，p30 是 REV 主要的群特异性抗原，具有逆转录病毒共同的抗原簇-[24]SDLYNWK[30]，在病毒粒子装配中发挥重要作用。REV CA 蛋白能刺激机体产生型特异性中和抗体，是研制 REV 诊断试剂和基因工程亚单位疫苗的候选抗原蛋白，适合用于家禽的群体血清抗体监测和筛查[284]。

REV 具有致瘤性，可引起感染禽的免疫抑制，干扰其他禽病疫苗的免疫效果，导致免疫失败，因此加强鸡群血清抗体监测，淘汰带毒个体，对疾病预防控制具有重要意义。核心蛋白（*gag*）是 REV 的结构蛋白，与同属病毒相比，氨基酸序列比较保守，抗原性相似，是群抗原。核心蛋白由 *gag* 基因编码，该基因的初始产物是一个大的蛋白质前体，在成熟加工修时期，被病毒自身蛋白酶的裂解成数种小的成熟结构蛋白，如核衣壳蛋白 p10（NC）、衣壳蛋白 p30（CA）和基质蛋白 pp18（MA）。其中，衣壳蛋白 CA 构成病毒粒子双层衣壳的内壳，具有疏水性，氨基酸序列比较保守，同属病毒的衣壳蛋白具有相同或相似的抗原性。CA 由 p30 编码，p30 是 REV 主要的群特异性抗原，具有逆转录病毒共同的抗原簇—^{24}SDLYNWK^{30}，在病毒粒子装配中发挥重要作用。REV CA 蛋白能刺激机体产生型特异性中和抗体，是研制 REV 诊断试剂和基因工程亚单位疫苗的候选抗原蛋白，适合用于家禽的群体血清抗体监测和筛查[284]。

一、材料

（一）病毒株、质粒、菌株和实验动物

REV 黑龙江省分离株 HLJR0901，标准阳性血清，大肠杆菌原核表达载体 pET-30a（+），克隆感受态菌株 DH5α 由中国农业科学院哈尔滨兽医研究所禽免疫抑制病创新团队保存；大肠杆菌工程菌 BL21（DE3）购自 Invitrogen 公司；SPF 鸡采血分离血清作为标准阴性血清。新西兰白兔由中国农业科学院哈尔滨兽医研究所实验动物中心提供。

（二）主要试剂及仪器

1. 试剂

LA Taq 酶、EcoR I 和 Sal I 限制性内切酶、T4 DNA 连接酶均购自 Takara 公司；TRIzol 提取液、M-MLV 反转录试剂购自

Invitrogen 公司；Page RulerTM Prestained Protein Ladder 购自 Fermentas MBI 公司；弗氏完全佐剂与不完全佐剂、IPTG、HRP 标记免抗鸡 lgG 购自 Sigma 公司；蛋白纯化树脂 Ni-NTA His Bind Resin 购自 Novagen；鸡源 REV 多克隆抗体购自美国 Charles River 公司。可溶型单组份 TMB 底物显色试剂盒和增强型 HRP-DAB 底物显色试剂盒均购自 TIANGEN 公司；IDEXX 禽网状内皮组织增生症病毒抗体检测试剂盒，购自北京爱德士元亨生物科技有限公司。包被液为 pH 值 9.6 的碳酸盐缓冲液（CBS），洗液为 PBST（含 0.05%Tween-20）为本实验室配制。

2. 仪器

ELISA 酶标板（Corning），RS-232C Eppendorf Biophotometer 生物分光光度计（Eppendorf 公司）Model 680 酶标仪（Bio-Rad）。

二、方法

（一）引物设计

根据 GenBank 已发表的 REVp30 基因序列，利用 Oligo 6.0 软件设计合成一对特异性引物用于扩增 p30 全长基因。上游引物（p30U）：5′-CTT*GAATTC*ATGCCCCTTAGGGAAACTGGGGA-3′，下游引物（p30L）：5′-CCC*CTCGAG*TTAGGCGA GTAGTACTTTG-GCCAT-3′，其 5′ 端分别设计有 EcoR I 和 Sal I 位点（下划线部分），引物由 Invitrogen 公司合成。

（二）DNA 的提取及 *p30* 基因的扩增

病料 DNA 的提取参照（二）中 1. 进行。

以 pT-F1 质粒为模板，用引物 p30U/p30L 进行 PCR 扩增，反应体系：PrimeSTAR™ HS DNA Polymerase 0.5μL、dNTP

Mixture 4μL、5×PrimeSTAR Buffer 10μL、引物 p30U 和 p30L 各 1μL、质粒模板 0.5μL，用 ddH$_2$O 补至 50μL。反应程序如下：95℃，5min；94℃ 30s，54℃ 30s，72℃ 1min，30 个循环；72℃ 延伸 10min。取 5μL PCR 产物经琼脂糖凝胶电泳，鉴定正确后用 DNA 凝胶回收试剂盒进行回收纯化。

（三）重组表达质粒的构建与鉴定

将上述 PCR 回收产物和原核表达载体 pET-30a（+）载体经 EcoRI 和 Sal I 限制性内切酶双酶切，酶切产物胶回收后用 T4DNA 连接酶进行连接反应，转化 DH5α 感受态细胞。挑菌，摇菌后提取质粒，EcoR I 和 Sal I 双酶切鉴定正确后送华大生物技术有限公司测序验证，将鉴定正确的阳性重组质粒命名为 pET30-p30。

（四）重组蛋白的诱导表达与鉴定

将重组质粒 pET30-p30 和空载体 pET-30a 分别转化 E. coli BL21（DE3）感受态细胞，分别命名为 pET-30a（BL21）和 pET30-p30（BL21）；取 3mL 小摇菌液加入 300mL 液体LB（k+）中，于 1L 的三角瓶中扩大培养，至菌液 OD$_{600}$ 值接近 0.6 时，取诱导前菌液 2mL 作为诱导前样品。剩余菌液中加入终浓度为 0.8mmol/L 的异丙基硫代-β-D-半乳糖苷（IPTG）继续于 37℃，180r/min 条件下诱导培养。分别于诱导后 2h、3h、4h、5h 和 6h 各取出 1mL 菌液，连同诱导前的取样，10 000r/min 离心 1min，弃去上清，用 100μLPBS 重悬沉淀，加入等体积的 2× 上样缓冲液，煮沸 10min。进行 SDS-PAGE 分析，确定蛋白是否表达以及诱导后不同时间蛋白的表达量。

确定适宜的诱导表达时间后，按照上面的方法进行蛋白的诱导表达，在适当的诱导时间收集菌体，10 000r/min 离心 1min，

野鸟禽免疫抑制病流行病学调查及 REV 致病机制研究

弃去上清。用 15mL Buffer A 溶解沉淀，混匀后超声波破碎，震3s，停4s，破碎15min，发现液体变澄清，12 000r/min，离心10min，上清转移至新管中，为超声裂解后上清样品；沉淀用15mLPBS 溶解，为超声裂解后沉淀样品。将诱导前、诱导后、超声裂解后上清、超声裂解后沉淀样品各取 100μL，加入 5×Loading Buffer 25μL，金属浴 100℃ 10min，后 12 000r/min 离心1min，取上清点样进行 SDS-PAGE 和 Western blot，分析目的蛋白以可溶性还是以包涵体形式存在。

（五）重组蛋白的纯化与浓缩

根据优化条件，大量诱导表达重组菌，离心集菌后，用1/10 体积的 BufferA（Tris-Cl 50mM；EDTA50mM；NaCl 50mM；甘油5%）将沉淀悬起，超声破碎 10min（振动3s，停4s，振幅37%）；取超声破碎后的上清，用蛋白纯化树脂纯化重组蛋白。操作步骤如下。

（1）平衡镍柱。取 1mL 树脂至柱中，加 A 液 10mL。

（2）将 15mL 超声上清加入柱中，收集液体，重复 5 次，每两次之间用 20mLB 液洗，留样。

（3）收集各步洗脱液进行 SDS-PAGE，检测蛋白纯化效果。

（4）A 液 20mL 过柱，留样标记。水 10mL 过柱，留样标记；C 液 20mL 过柱，留样标记；水 10mL 过柱，留样标记；D 液20mL 过柱，留样标记；水 10mL 过柱，留样标记；E 液 20mL 过柱，留样标记；水 10mL 过柱，留样标记；F 液 20mL 过柱，静止 30min，后收集液体。将收集到的纯化的重组蛋白采用蔗糖浓缩的方法至终体积至原体积的 1/10。通过 SDS-PAGE 检测纯化效果。

（六） 融合蛋白的 Western blot 鉴定

将纯化后的样品经 SDS-PAGE，电泳结束后电转移至硝酸纤维素膜上，5%脱脂乳在 4℃ 封闭过夜，PBST 洗液洗涤 3 次后用 1∶100 稀释的鸡源 REV 多抗为一抗 37℃ 孵育 1h，加入 1∶5 000 稀释的辣根过氧化酶（HRP）标记的兔抗鸡 IgG 为二抗，37℃ 作用 1h，PBST 洗涤 3 次后，用 HRP-DAB 底物显色试剂盒显色。

（七） 抗 REV-p30 基因多克隆抗体的制备及生物学活性检测

将纯化后的融合蛋白与等量弗氏完全佐剂混匀后，皮下多点注射新西兰大耳白兔，初免后每 10 d 使用不完全弗氏佐剂加强免疫 1 次，共 3 次。末次免疫后第 10 天取血，分离血清备用。将纯化的 p30 蛋白包被 ELISA 平板，将纯化后的融合蛋白（100ng/孔）包被酶标板，分别以不同稀释倍数的免疫前兔血清和免疫后兔血清作为一抗，间接 ELISA 法测定免疫兔血清抗体效价。

REV 感染 CEF，甲醇固定后，以 1∶100 稀释的免疫兔血清为一抗，1∶5 000稀释的辣根过氧化酶（HRP）标记的羊抗兔 IgG 为二抗进行 IFA 实验，检测所制备的抗 p30 蛋白多克隆抗体的生物活性。

（八） 间接 ELISA 检测方法的初步建立

pH9.6 碳酸盐作为包被液，将纯化的重组 REV-p30 蛋白（浓度为 1.28mg/mL）分别按照 1∶50，1∶100，1∶200，1∶400，1∶800 共 5 个稀释度，100μL/孔，置 4℃ 包被过夜；甩干孔内液体，用 PBST 洗 4 次，5%脱脂乳 150μL/孔，37℃ 封闭

1.5h；甩干孔内液体，用 PBST 洗 4 次，将 REV 阳性和阴性血清分别进行 1：125、1：250、1：500、1：1 000、1：2 000 稀释，与蛋白不同稀释度形成矩阵，100μL /孔，置于 37℃作用 1h；PBST 洗涤 4 次后，加 1：5 000倍稀释的 HRP 标记的兔抗鸡 IgG100μL /孔，置于 37℃温箱中作用 1h；PBST 洗涤 4 次后，TMB 100μL/孔，室温显色 15min；100μL/孔 加入 2 mol /L H_2SO_4 终止液终止显色，酶标仪测定 OD_{450nm} 值。

（九）间接 ELISA 检测方法的初步应用

以重组表达蛋白作为包被抗原，按照初步建立的间接 ELISA 方法与 IDEXX 禽网状内皮组织增生症病毒抗体检测试剂盒同步检测鸡 REV 阳性血清、鸡阴性血清和临床鸡血清。

三、结果

（一）REVp30 蛋白的原核表达及蛋白纯化

REVp30 基因的扩增以及重组质粒的构建：PCR 扩增产物经琼脂糖凝胶电泳，获得与预期大小相符的目的条带（图 2-1）。经连接、转化后得到了重组质粒，PCR 和双酶切鉴定结果证实重组表达质粒构建正确（图 2-2）。测序结果显示目的片段为 REV-p30，重组表达质粒构建成功，将其命名为 pET30-p30。

（二）重组 p30 蛋白的表达与鉴定

SDS-PAGE 结果显示，经 IPTG 诱导，重组菌裂解物在相对分子质量约 35kDa 的位置出现 1 条蛋白条带（图 2-3），与预期结果一致。而 pET-30a 空载体及 pET-30a-p30 转化菌诱导前在相应位置无此条带，表明 REV-30a-*p30* 基因在大肠杆菌中获得正确表达。离心集菌后进行超声波裂解，发现在超声作用下，菌

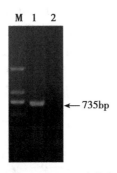

图 2-1　REV-p30 PCR 产物电泳图

Fig. 2-1　PCR amplification of REV-p30 gene

M：DNA 分子量标准；1：p30PCR 产物；2：negative control

M：DL 2000DNA Marker1：PCR product of p30；2：阴性对照

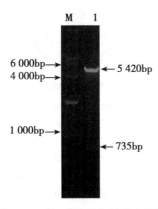

图 2-2　重组质粒酶切结果电泳图

Fig. 2-2　Identification of recombinant plasmid by restriction enzymes digestion

M：DNA 分子量标准；1：Eco RI、Xhol 酶切结果

M：DL 10000 DNA Marker；1：Digestion with Eco RI、Xhol

液变澄清，取超声处理后的上清与沉淀，分别进行 SDS-PAGE
分析，结果表明：细胞裂解上清中目的蛋白的量较多，而沉淀中
几乎没有，表明目的蛋白以可溶形式表达（图 2-3）。优化表达
条件显示，不同浓度 IPTG 对目的蛋白表达无显著影响，IPTG 诱
导 5h 后目的蛋白量将不再增加。

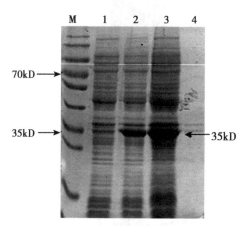

图 2-3 表达产物的 SDS-PAGE 分析

Fig. 2-3 SDS-PAGE analysis of the expressed p30 protein in E. coli

M：蛋白分子量标准；1：pET-30a 空载体对照；2：p30 重组菌；3：诱导后
上清；4：诱导后沉淀

M：MarkerPageRuler Prestained Protein Ladder；1：pET-30a/BL2l induced with
IPTG；2：pET30-p30/BL2l induced with IPTG；3：Supernatant of pET-p30/BL2l
induced with IPTG；4：Precipitin of pET-p30/BL2l induced with IPTG

（三）重组蛋白纯化与浓缩

根据优化条件，将诱导表达的菌体裂解物进行镍柱纯化，
SDS-PAGE 分析表明，目的蛋白纯度达到 90% 以上（图 2-4）。
重组蛋白经蔗糖浓缩后进行 SDS-PAGE，结果可看出蛋白浓缩后

目的条带加深加粗，蛋白浓度明显升高（图2-5）。

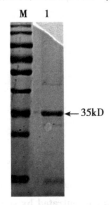

M　　1

← 35kD

图 2-4　镍柱纯化后重组蛋白的 SDS-PAGE 分析

Fig. 2-4　SDS-PAGE analysis of the recombinant p30

protein purificated by Ni-NTA His Bind Resin

M：MarkerPageRuler Prestained Protein Ladder；1：pET-p30a tpurificated
by Ni-NTA His Bind Resin

（四）融合蛋白 Western blot 鉴定

用鸡源 REV 阳性血清对纯化融合蛋白进行 western blot 分析，结果显示 p30 基因表达产物可以与 REV 阳性血清发生特异性反应，在35kD 处出现一条清晰的反应条带（图2-6），表达重组蛋白得到正确表达并具有良好的反应活性。

（五）多克隆抗体的制备及检测

将纯化浓缩的上清表达的 p30 融合蛋白免疫兔，制备兔抗p30 多克隆血清。将重组蛋白作为抗原，间接 ELISA 法测定多抗效价。结果表明多克隆抗体的效价约为1：25 600（图2-7）。将分离得到的抗血清作为一抗进行 Western blot 试验。结果显示：

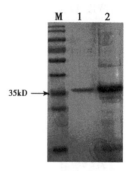

图 2-5 重组蛋白浓缩后 SDS-PAGE 分析

Fig. 2-5 SDS-PAGE analysis of the recombinant p30

protein concentrated by sucrose

M：MarkerPageRuler Prestained Protein Ladder；1：pET30-p30 purificated by Ni-NTA His Bind Resin；2：pET30-p30 concentrated by sucrose

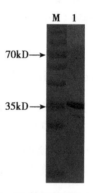

图 2-6 REV-p30 基因的 Western bolt 检测

Fig. 2-6 Detection of the recombint p30

protein in E. coli by western bolt

M：MarkerPageRuler Prestained Protein Ladder；1：pET30 - p30 transformant induced with IPTG

用抗血清作为一抗的试验组中，显色后出现了目的条带（图 2-

8)，而阴性兔血清对照组未出现目的条带。结果表明重组蛋白具有良好的免疫原性，可诱导兔产生特异性的免疫应答，制备的抗 REV 多克隆抗体具有良好的特异性。

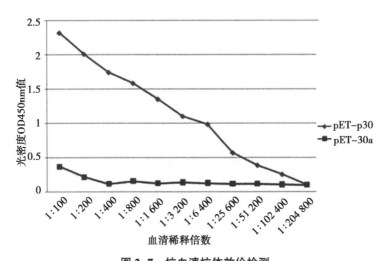

图 2-7　抗血清抗体效价检测

Fig. 2-7 Detection of the antisera antibody

（六）融合蛋白的间接 ELISA 检测结果

经方阵滴定，当包被抗原以 1：400 比例稀释，（包被量为 3.2μg/孔）、一抗 1：250 倍稀释、二抗 1：5 000 倍稀释时，阳性血清 OD450nm 值（P 值）为 1.313，阴性血清 OD450nm 值（N 值）为 0.119，P/N 值最大，确定抗原、抗体最佳稀释倍数。IEDXX 禽网状内皮组织增生症病毒抗体检测试剂盒检测的 REV 阳性血清 OD630nm 值为 1.678，阴性血清 OD630nm 值为 0.28。两种方法对阴阳血清和临床血清的检测结果见图 2-9，两种方法检测结果一致。

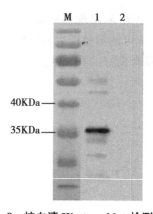

图 2-8　抗血清 Western blot 检测结果

Fig. 2-8 Western blot analysis of antisera against p30

1：蛋白分子量标准；2：P30 抗血清；3：阴性兔血清

M：MarkerPageRuler Prestained Protein Ladder；2：Antisera against p30；3：Negative control

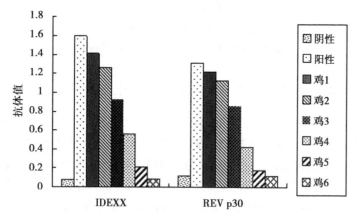

图 2-9　血清抗体检测结果

Fig. 2-9　results of serum antibody test

四、讨论

RE 是禽常见的传染性肿瘤病和免疫抑制病。近年来，RE 在全球迅速蔓延，其导致的免疫抑制和继发感染给养禽业造成了相当严重的损失。REV 在我国的流行越来越严重，混合感染较普遍，鸡群中 REV 的血清抗体阳性率也逐渐增高。REV 分离株有相似抗原性，除缺陷型的 REV-T 株外，所有 REV 分离株虽属同一个血清型，基因变异程度非常小。

目前针对 RE 没有切实可行的治疗措施，也没有商品化疫苗可供免疫。选择群特异性的抗原进行免疫学检测是 REV 确诊的关键所在。由 REV 的核衣壳蛋白 *gag* 编码的 p30 是 REV 主要的群特异性抗原，在病毒粒子的装配中发挥着重要作用。其氨基酸组成相对保守，适合用于家禽的群体监测和筛查。

本研究所诱导表达的 p30 蛋白具备了良好的免疫原性。以纯化的重组蛋白作为包被抗原，初步建立了 REV 抗体 ELISA 检测方法，条件有待进一步优化，与 IDEXX 商品化的禽网状内皮组织增生症病毒抗体检测试剂盒的检测结果一致，具有一定应用价值。本研究为 p30 蛋白的深入研究及 REV 的检测试剂的研发奠定了基础。

ELISA 同病毒分离、中和实验等方法相比具有操作简便、特异性强等优点，利用重组蛋白作为包被抗原检测样品中抗体水平比常规 ELISA 具有更高的敏感性，因此该方法有较高的临床使用价值，可进一步研发为诊断试剂盒。

第二节　酵母双杂交筛选与 REV 聚合酶 PR 相互作用的宿主蛋白

　　REV 病毒粒子有 3 种酶蛋白：反转录酶（RT）、蛋白酶（PR）和整合酶（IN）。REV 的 PR 来自 Gag-Pro 蛋白前体，作为 REV 一种重要的酶，其功能是水解前体蛋白，使之形成成熟蛋白，在病毒的复制过程中发挥重要作用。目前未见有关 REV PR 与宿主细胞相互作用蛋白的研究报道。研究病毒与宿主的相互作用对探索病毒的感染和致病机制具有重要意义。病毒入侵宿主后，机体会启动诸如细胞凋亡、炎性反应或干扰素抗病毒应答等先天性免疫应答反应抵抗病毒入侵。同时，病毒在长期进化过程中获得了抑制炎症反应和避免细胞凋亡的能力，从而能在宿主体内存活，并引发疾病。为筛选到与 REV 聚合酶 PR 相互作用的宿主蛋白，本研究构建 PR-pGBKT7 诱饵质粒，自激活性和毒性检测结果表明构建的诱饵质粒无自激活性且无毒性。以 PR-pGBKT7 为诱饵，通过与构建好的 CEF 酵母双杂交 cDNA 文库杂交筛选，得到与 PR 相互作用的宿主蛋白。Snapin 作为筛选到的宿主蛋白之一，可与细胞内的多种因子相互作用，共同参与调节多个生化过程。本研究通过酵母回转验证实验初步验证了 PR 与 Snapin 存在相互作用。并利用真核表达载体 pCAGGS，构建 PR 和 Snapin 的真核表达质粒，为深入研究两个蛋白的功能及相互作用机制奠定了基础。

一、材料

(一) 毒株、细胞、文库、抗体及质粒

大肠杆菌 DH5α 感受态、大肠杆菌 Top10 感受态, CEF cDNA 酵母表达文库, HEK293T 细胞、DF1 细胞, Y2HGold、Y187 酵母菌株, 质粒 pT-G 及 pET-30a (+)、pGEX-6P-1、pCMV-Myc、pCAGGS、pGBKT7、pGBKT7-p53、pGADT7、pGADT7-T 等载体均由中国农业科学院哈尔滨兽医研究所禽免疫抑制病创新团队保存。c-Myc 标签兔多抗购自金斯瑞; 羊抗鼠抗体, 羊抗兔抗体、Flag 蛋白标签单抗、c-Myc 蛋白标签单抗、Flag 标签单抗、HA 蛋白标签单抗、Flag 蛋白标签多抗、FITC 标记羊抗鼠 IgG 抗体、TRITC 标记羊抗兔 IgG 抗体均购自 Sigama 公司。

(二) 主要仪器

Beckman 产 Allegra X-22R 型台式高速冷冻离心机, 5424 型台式高速冷冻离心机, Bioer 梯度 PCR 仪, Eppendorf 产 5804R 型水平高速离心机, 美国精骐公司产 IS-RSV1 型恒温振荡器。Thermo Fisher 产 1300SeriesA2 型超净工作台; Nikon 光学显微镜; 上海一恒科技有限公司产 DK-80 型恒温水浴槽, ZHWY-2102C 型恒温培养摇床, 多用途水平电泳槽, BioBad 产稳压稳流电泳仪; 北京赛创科技公司产凝胶成像分析系统; Thermo Fisher 产 CO_2 培养箱, 上海跃进医疗器械厂产霉菌培养箱。

(三) 主要试剂、耗材

Premix rTaq DNAPolymerase、EX Taq DNA Polymerase、PrimeSTAR™HS DNA Polymerase、pMD18-T 载体、AMV 逆转录酶、

Trizol 购自 Takara 公司；Lipofectamine™ 2000 Reagent 转染试剂、M-MLV 反转录酶购自 Invitrogen 公司；T4 DNA Ligase 和 Sal I、BamHI 和 EcoR I 等限制性内切酶购自 Fermentas；E. coli 质粒小提试剂盒，胶回收试剂盒购自 Axygen；质粒中提试剂盒购自天根公司；酵母质粒小提试剂盒购自 OMEGA 公司；蛋白质定量试剂盒购自碧云天；RNA 提取试剂盒购自天根公司。金担子素（Aureobasidin A，AbA）、X-α-gal、-Trp Supplement、-Leu Do Supplement、DDO（SD/-Leu/-Trp Supplement）、QDO（SD/-Ade/--His/-Leu/-Trp Supplement）、QDO/X/A（SD/-Ade/-His/-Leu/-Trp/X-α-Gal/Aureobasidin A）、Minimal SD Base、Minimal SD Agar Base、Yeastmaker Carrier DNA、酵母共转化试剂盒及文库构建试剂盒，购自 Clontech 公司；LB Broth Base 购自 Agar Bacteriological、Invitrogen，Dextrose Bacteriological Grade、Yeast Extract、Bacteriological Peptone、购自 Oxoid，N，N-Dimethylformamide（DMF）、PEG3350、醋酸锂、Adenine hemisulfate、DMSO 购自 Sigama。100mm、150mm 平皿及 0.22μm 滤器购自 JET Biofil。DAPI 染色液、30% 丙烯酰胺、RIPA 裂解液（弱）购自碧云天，Protein A/G PLUS-Agarose 购自 SantaCruz；Pierce ECL Western Bloting Sulstrate 购自 Thermo。磷酸酶抑制剂和蛋白酶抑制剂购自 Roche 公司；本实验用引物由华大基因公司合成，序列见表 2-1。

表 2-1　PCR 扩增引物汇总

Table2-1　Primers used for PCR amplification

Gene	Primers	Sequences（5-3）
PR	PR1	CCG*GAATTC*GTAGAAGAATTACAATAG
	PR2	CCG*CTCGAG*GTGGACGGGTCTCAGGATG

Gene	Primers	Sequences（5 -3 ）
Snapin	SnaR1	ATGGCGGCGGGGAGCG
	SnaR2	TCACTTGCTGGGCAGACCCT
	SnaC1	GACGACGATAAGATGGCGGCGG
	SnaC2	ATCTCGAGTCACTTGCTGGGCA

（四）毒株、细胞、文库、抗体及质粒主要培养基及培养液配制

LB 固体培养基：Agar 3.75g，LB Broth Base 5g，250mL 去离子水溶解，121℃高压灭菌 25min。

10×TE：10mmol/L EDTA，100mmol/L Tris –HCl，调节 pH 值至 7.5，121℃，高压灭菌 25min。

10×LiAc：1 mol/L LiAC，经 0.22μm 滤器过滤灭菌。

X–α–gal：20mg X–α–gal，用 1mL DMF 溶解，–20℃避光保存。

AbA：500μg AbA，用 1mL 灭菌水溶解，4℃避光保存。

50% PEG3350：50g PEG3350，用 100mL 去离子水溶解，0.22μm 滤器过滤除菌。

1.1× LiAc/TE：1.1mL 灭菌 10 × TE Buffer，1.1mL 无菌 1MLiAC（10×），加无菌 ddH$_2$O 至 10mL。

YPDA 液体培养基：Yeast Extract 10g，Dextrose 20g，Peptone 20g，Adenine hemisulfate 100mg，1L 去离子水溶解，121℃高压灭菌 15min。

2×YPDA 液体培养基：Yeast Extract 20g，Dextrose 40g，Peptone 40g，Adenine hemisulfate 200mg，1L 去离子水溶解，121℃高压灭菌 15min。

0.5×YPDA 液体培养基：Yeast Extract 5，Dextrose 10g，Peptone 10g，Adenine hemisulfate 50mg，1L 去离子水溶解，121℃高压灭菌 15min。

YPDA 冷冻液：100mL 灭菌 YPDA 培养液加入 50mL 灭菌 75%甘油摇匀。

YPDA 固体培养基：Yeast Extract 10g，Dextrose 20g，Peptone 20g，Agar 15g Adenine hemisulfate 100mg，1L 去离子水溶解，121℃高压灭菌 15min。

SD/-Leu 固体培养基：Minimal SD Agar Base 46.7g，-Leu Do Supplement。

0.69g，121℃高压灭菌 15min。

SD/-Trp 固体培养基（SDO）：Minimal SD Base 26.7g，-Trp Do Supplement 0.74g 去离子水 1L，121℃高压灭菌 15min。

SD/-Leu-Trp（DDO）固体培养基：Minimal SD Agar Base 46.7g，-Leu-Trp Do Supplement 0.64g，1L 去离子水溶解，121℃高压灭菌 15min。

SD/-Trp/ X-α-gal（SDO/X）：Minimal SD Agar Base 46.7g，-Trp Do Supplement 0.74g，1L 去离子水溶解，121℃高压灭菌 15min。冷却至 60℃，加入 X-α-gal 2mL。

SD/-Trp/X-α-gal/AbA（SDO/X/A）：称取 Minimal SD Agar Base 46.7g，-Trp Do Supplement 0.74g，去离子水 1L 溶解，121℃高压灭菌 15min。冷却至 60℃，加入 X-α-gal 2mL，AbA 250μL。

SD/-Ade-His-Leu-Trp（QDO）：称取 Minimal SD Agar Base 46.7g，-Ade-His-。

Leu-Trp Do Supplement 0.60g，用 1L 去离子水溶解，121℃高压灭菌 15min。

SD/-Ade-His-Leu-Trp/X/A（QDO/X/A）：称取 Minimal SD Agar Base 46.7g，-Ade-His-Leu-Trp Do Supplement 0.60g，

用 1L 去离子水溶解，121℃高压灭菌 15min，冷却至 60℃时，加入 AbA 250μL，X-α-gal 2mL。

二、方法

（一）PR 诱饵载体的构建

1. PR 基因的扩增

根据 pGBKT7 载体的多克隆位点，设计扩增 REV PR 的引物，上下游分别带 EcoR I 和 BamHI 酶切位点，插入 pGBKT7 载体的相应位置，构建诱饵载体。以 pT-G 为模板，进行 PR 扩增。PCR 反应体系如下：5×PrimeSTAR Buffer（Mg^{2+} Plus）10μL，dNTP Mixture（each 2.5 mM）4μL，上、下游引物各 1μL，模板 1μL，PrimeSTAR © HS DNA Polymerase0.5μL，补加 ddH_2O 至 50μL。PCR 反应条件如下：95℃ 5min；95℃ 30s，55℃ 30s，72℃ 1min，30 个循环；72℃延伸 10min。PCR 反应结束后再每个反应体系加入 rTaq 0.5μL，72℃延伸 10min，使 PCR 产物末端加 A。PCR 产物使用 Axygen 胶回收试剂盒进行回收。

2. 酶切、连接及转化

用 EcoR I 和 BamHI 限制性内切酶将 PR 胶回收产物和 pGBKT7 载体分别进行双酶切。酶切体系如下：

EcoR I	2.5μL
BamHI	2.5μL
10×FD Buffer	5μL
PR 胶收产物 /pGBKT7 质粒	15μL/10μL
ddH_2O	25μL/30μL
Total Volume	50μL

37℃水浴中 1h，分别将 PR 和 pGBKT7 的酶切产物用胶回收试剂盒进行胶回收，用 20μLddH₂O 溶解回收产物。用 NEB

T4DNA 连接酶将纯化后的诱饵载体和目的片段的双酶切产物进行连接反应，连接反应体系如下：

T4 Ligase	1μL
10×T4 Buffer	1μL
pGBKT7 酶切回收产物	1μL
PR 酶切回收产物	7μL
Total Volume	10μL

22℃过夜连接。连接产物转化 DH5α 感受态，挑菌，摇菌，提质粒。重组诱饵载体经双酶切鉴定正确后，送华大基因公司测序，测序正确的诱饵载体命名为 pGBK-PR。

（二）pGBK-PR 诱饵载体自激活性与毒性检测

（1）Y2H 菌株于 YPDA 平板划线，30℃温箱培养 3 天。

（2）挑取生长良好的菌落于 3mLYPDA 培养液中，30℃ 250r/min 过夜培养。取 50μL 菌液转接于 50mLYPDA 培养液中，30℃ 250r/min 培养至 OD_{600} 至 0.4~0.5。

（3）收集培养液于 50mL 离心管，1 000g 室温离心 10min，小心弃去上清，菌体沉淀用 30mL 无菌 ddH_2O 重悬。

（4）室温 1 000g 离心 10min，弃上清，用 1.5mL1.1×TE/LiAc 重悬沉淀，转移至 1.5mL 灭菌 EP 管中，12 000g 离心 15s，弃上清，用 600μL1.1×TE/LiAc 重悬菌体。

（5）将诱饵载体 pGBK-PR 质粒与空捕获载体 pGADT7 质粒各 100ng 共转化 Y2H 酵母感受态细胞，并加入 Yeastmaker Carrier DNA5μL（10μg/μL），混匀。同时设置阴阳性对照。阳性对照：pGBKT7-53 质粒和 pGADT7-T 质粒共转酵母感受态细胞；阴性对照 2 组：pGBKT7-Lam/pGADT7-T 和 pGBKT7/pGADT7 共转酵母感受态细胞。每管均加入 Yeastmaker Carrier DNA5μL。

（6）加入新鲜制备的 50% PEG/LiAc 500μL，轻轻混匀，

30℃水浴 30min（每隔 10min 轻摇混匀一次）。

（7）加入 DMSO 20μL，混匀，42℃水浴 15min（每隔 5min 轻摇混匀一次）。

（8）12 000g 离心 15s，弃上清，沉淀用 1mLYPD Plus 重悬，30℃250r/min 培养 90min。

（9）12 000g 离心 30s，弃上清，1mL 灭菌生理盐水重悬沉淀。取 100μL 悬液按照 1∶10 和 1∶100 稀释，取两个稀释度的液体各 100μL 涂布于 DDO、QDO 和 QDO/X/A 三种平板，置 30℃温箱培养 3~5 天，观察酵母菌落生长情况和菌落颜色。判定标准：三种平板均有酵母生长且 QDO/X/A 平板上菌落颜色为蓝色，判定为阳性；在 DDO 平板上生长，在 QDO 和 QDO/X/A 上不生长，判为阴性；若诱饵载体 pGBPR 与空捕获载体 pGADT7 共转化组呈阴性结果，则表明诱饵载体没有自激活活性。若诱饵载体 pGBPR 与空捕获载体 pGADT7 共转化组在 DDO 平板上的菌落大小和生长数量与与阴性对照组 pGBKT7/pGADT7 相比较，差异不明显，则判定为无毒性，反之判定为有毒性。

（三）酵母双杂交筛选

用构建好的无自激活活性且无细胞毒性的诱饵质粒 pGBPR 对构建好的 CEF cDNA 文库进行筛选。

（1）从 SDO 平板挑 pGBPR 单菌落于 50mLSD/-Trp 液体培养基，30℃，250r/min 震荡培养至 OD_{600} 为 0.8。

（2）将液体移至 50mL 离心管，1 000g 离心 5min，集菌，用 4mL SD/-Trp 液体悬浮菌体，按照 Matchmaker Gold Yeast Two-Hybrid System 操作说明进行酵母杂交反应。

（3）取于 -80℃ 保存的 CEF cDNA 文库，取 10μL，按照 10~2，10~3，10~4，10~5 倍比稀释，分别取 100μL 稀释液均匀涂布 SD/-Leu 平板（直径 10cm），30℃温箱倒置培养 3~5 d，

观察菌落生长情况，通过对各平板酵母菌落计数计算文库滴度。取 45mL2×YPDA 液体培养基（K+抗性）至灭菌的 2L 摇瓶中，将 1mLCEFcDNA 文库和步骤 2 中的 4mL 重悬的诱饵菌株混匀，加入 2L 摇瓶中。将烧瓶置 30℃ 摇床中 40r/min 振荡培养 24h。

（4）杂交 20h 后，从烧瓶中取少许菌液，适当稀释后于倒置显微镜下观察菌体状态。当视野中观察到菌体呈"米奇头像"样的杂交状态时停止杂交，收集菌液，4℃1 000g 离心 10min，收集菌体。

（5）用 50mL0.5×YPDA 冲洗 2L 烧瓶，用该培养液重悬步骤 4 离心收集的菌体。

（6）1 000g 离心 10min，弃上清，用 10mL0.5×YPDA 重悬菌体。取 100μL 菌液，用 0.9% Nacl 倍比稀释至 10^{-3}、10^{-4} 和 10^{-5} 几个稀释度，每个稀释度分别取 100μL 涂 SD/-Leu、SD/-Trp 和 SD/-Trp/-Leu（DDO）三种平板，用于计算杂交效率。剩余菌液用灭菌玻璃珠涂布于直径 15cm 的 QDO 平板，每个平板 200μL 菌液。

（7）将涂布均匀的平板置 30℃ 温箱培养 3~5 天。对步骤 6 中涂布的 SD/-Leu、SD/-Trp 和 SD/-Trp/-Leu（DDO）平板上的菌落进行计数。

（8）用灭菌枪头挑取 QDO 平板上长出的菌落，于 QDO/X/A 平板上划线，置 30℃ 温箱培养，每天观察其生长状况。挑取适量生长良好且颜色变蓝的菌落，用 10μL ddH₂O 重悬，以 T7-F 和 AD-R 为引物，进行菌落 PCR 扩增，PCR 反应体系如下：

rTaq Premix Polymerase	12.5μL
T7-F	1μL
AD-R	1μL
菌落悬液	2μL
ddH₂O	8.5μL

| 总量 | 25μL |

PCR 反应条件：95℃5min；95℃30s，58℃30s，72℃2min，35 个循环；72℃10min。取 5μLPCR 产物进行凝胶电泳，将出现清晰、高亮、单一条带的样品送测序检测，根据测序反馈的核酸序列及翻译氨基酸序列与 NCBI 数据库进行比对，确定阳性克隆中的插入基因。剩余菌液离心收集菌体，标记后 -20℃保存备用。

（四）酵母共转化试验

根据序列比对结果，取出 -20℃保存的菌体，严格按照酵母质粒提取试剂盒说明要求提取酵母质粒。

（1）挑取阳性菌株于 3mLSD/-Leu 液体培养基，30℃温箱中 250r/min 振荡培养 20~24h。

（2）4 000g，室温离心 5min，弃上清，用 480μLBuffer SE 重悬菌体，加入 20μL 裂解酶（lyticase），10μLβ-巯基乙醇，充分混匀后，30℃水浴 1h。

（3）室温 4 000g 离心 5min，弃上清，用 250μL Buffer YPⅠ重悬菌体。加入 50mg 细玻璃珠，3 000r/min 涡旋震荡 5min，室温静置 2min 待玻璃珠下沉后，转移上清至新的 1.5mLEP 管中。

（4）加入 YPⅡ250μL，轻轻颠倒 4~6 次，混匀至液体澄清，室温静置 2min，使菌体裂解完全。

（5）加入 YPⅢ350μL，轻轻混匀，形成"羊毛"状态沉淀，13 000g，室温离心 15min。

（6）将上清加入柱子，1 000g 离心 1min。弃上清，加 500μL Buffer HB，1 000g 离心 1min。

（7）弃上清，加 700μL 含无水乙醇的 DNA Wash Buffer，1 000g 离心 1min。重复本步骤一次。

（8）弃上清，13 000g，室温离心 2min。将柱子移至新的

1.5mLEP 管中，加入 30μLTE 缓冲液，1 000g 离心 1min，洗脱溶解质粒。

（9）取 5μL 酵母质粒加入 DH5α 感受态细胞，冰浴 30min，42℃热激 90s，冰上放置 3min。加入 1mL 无抗 LB，37℃ 180r/min 培养 1h，取 100μL 菌液涂布 LB（A⁺）平板。37℃温箱中倒置过夜培养，挑取单个菌落于 3mL LB（A⁺）培养液中，37℃，200r/min 培养 14h。按 Axygen 质粒小提试剂盒说明提取质粒。

（10）用紫外分光光度计检测纯化质粒浓度，根据测定结果将质粒进行适当稀释至终浓度为 200ng/μL。

（五）酵母菌转化

（1）将 Y2H 菌株于 YPDA 平板上划线，置 30℃温箱中培养 3 天。

（2）挑取生长状态良好的菌落于 3mLYPDA 培养液中，30℃恒温培养箱中 250r/min 振荡培养过夜，取 300μL 菌液转接于 50mLYPDA 培养液中，30℃恒温培养箱中 250r/min 振荡培养至 OD_{600} 至 0.4~0.5 之间。

（3）收集培养液于 50mL 离心管，室温 700g 离心 10min，弃上清，菌体用 30mL 无菌 ddH_2O 重悬。

（4）室温 700g 离心 10min，弃上清，菌体用 1.5mL1.1×TE/LiAc 重悬。

（5）转移菌体至 2 个无菌 1.5mLEP 管中，12 000g 离心 15s，弃上清，用 600μL 1.1×TE/LiAc 溶解重悬菌体。

（6）将阳性文库质粒与 pGBPR 诱饵质粒共转化 50μL 酵母感受态细胞，同时设阳性对照（pGBKT7-53 +pGADT7-T）、阴性对照（pGBKT7-lam +pGADT7-T）、自激活对照（文库质粒+pGBKT7）和空白对照（pGADT7+pGBKT7）。各种质粒定量转入 100ng，且每份转化样品中加入 5μLYeastmaker Carrier DNA（预先 95℃金属浴 5min）和 500μL 新鲜配制的 PEG/LiAc，轻轻混匀，瞬离。

（7）30℃水浴 30min，期间每隔 10min 轻摇混匀一次。

（8）加入 DMSO20μL，轻轻混匀后，42℃水浴 15min 期间每隔 10min 轻摇混匀一次。

（9）12 000g 离心 15s，弃上清，用 0.8mLYPDA 重悬菌体，30℃恒温培养箱中 250r/min 振荡培养 90min。

（10）12 000g 离心 15s，弃上清，用 90μL0.9%Nacl 重悬菌体。分别取 30μL 涂布 DDO，QDO，QDO/X/A 平板。将平板置 30℃温箱，培养 3~5 天，观察菌落生长情况和颜色变化。

（六）PR 与 Snapin 真核表达质粒构建

1. Snapin 基因克隆

刮取生长状态良好的 DF1 单层细胞，Trizol 提取细胞总 RNA，在 M-MLV 反转录酶作用下反转录成 cDNA。根据 Snapin 序列，设计 Snapin 扩增引物 SnaR1 和 SnaR2。以提取的细胞 cDNA 为模板，用引物 SnaR1/SnaR2 扩增目的基因。PCR 体系为：PrimeSTAR™ HS DNA Polymerase 0.5μL，5 × PS Buffer10μL，dNTP4μL，模板 1μL，上下游引物各 1μL，补 ddH$_2$O 至终于体积 50μL。PCR 程序为：95℃ 5min；95℃ 30s，57℃ 30s，72℃ 1min，35cycles；72℃ 10min。PCR 产物加 A 后进行胶回收，连接 pMD18-T 载体，后转化 Top10 感受态，挑单克隆，摇菌，提质粒。质粒送华大基因公司测序。

2. Snapin 基因真核表达质粒构建

设计上下游分别带 SmaⅠ和 XholⅠ酶切位点的 Snapin 基因扩增引物，引入 Flag 标签作为标记，插入 pCAGGS 的 MCS。以测序正确的 Snapin T 载体阳性克隆为模板，用 SnaC1/SnaC2 为引物，进行 PCR 扩增。PCR 产物胶回收后，以回收产物为模板，以 Flag-S/SnaC2 为引物，进行 PCR 扩增，PCR 产物经胶回收，用 Xhol 和 Smal 进行双酶切，同时对 pCAGGS 载体双酶切。将 Snapin 和 pCAGGS 的酶切产物胶回收后进行连接反应。连接产物转化 Top10 感受态，挑单克隆，摇菌，提质粒。质粒送华大基因公司测序。

测序正确的阳性克隆重新转化 Top10 感受态，进行质粒中提。质粒中提步骤如下：挑单克隆于 3mL LB（A⁺）培养液，37℃200r/min 恒温振荡培养 12h，取 100μL 菌液转接于 50mL LB（A⁺）培养液中，37℃200r/min 恒温振荡培养 16h。收集菌液至 50mL 离心管中，6 000g，4℃离心 15min，弃上清；加入 Suspension Buffer（Buffer P1，加入 RNA 酶）4mL 重悬沉淀，在振荡器上振荡，使菌体完全溶解；加入 Lysis Buffer（Buffer P2）4mL，轻轻摇动，室温裂解菌体 3min，至液体变蓝。加入 4mL Neutralization Buffer（Buffer P30，轻轻颠倒混匀，至蓝色完全消失。冰浴液 15min。期间装柱子，用 4mLQBT 洗脱平衡柱子，将液体倒入针管中，滤过的液体流入柱子，待其自行滴落。用 10mLWash Buffer（Buffer QC）过柱两次，加 5mLElution Buffer（Buffer QF）溶解洗涤 DNA，收集滤液。加入 3.5mL 异丙醇，12 000g,4℃离心 30min；小心弃上清，加入 2mL 新鲜配制的 70% 乙醇洗涤，12 000g,4℃离心 10min，无菌弃去上清。超净工作台内风干，用 50μL TE 重悬。取 2μL 中提产物稀释至 40μL，用紫外分光光度仪检测浓度，并进行凝胶电泳检测。

3. PR 真核表达载体构建

根据 PR 基因序列，设计引物 PR1 和 PR2，分别引入 EcoRI 和 Xhol I 酶切位点。利用构建好的 PR-pGBKT7 质粒为模板扩增带有 HA 标签的 PR 基因。PCR 程序为：95℃5min；95℃30s，56℃30s，72℃1min，35cycles；72℃10min。PCR 产物胶回收后，用 EcoRI 和 Xhol I 进行双酶切，与同样经过 EcoRI 和 Xhol I

双酶切的 pCAGGS 经胶回收后进行连接反应。连接产物转化 Top10 感受态，挑单克隆，摇菌，提质粒。质粒送华大基因公司测序，选测序结果正确的质粒进行中提。

（七）免疫共沉淀（co-IP）试验

DF-1 细胞传代培养于六孔板，至细胞密度达到 80%~90% 时转染。在 EP 管中加入 Optin-MEM 培养液 500μL，然后加入脂质体 2000 6μL，轻柔混匀，然后加入质粒（单质粒转染时 3μg/孔，共转染时每个质粒各 3μg/孔），轻柔混匀，室温静置 20min。取准备好的待转染细胞，弃去细胞培养液，使用 PBS 洗涤细胞，1mL/次，共洗涤 2 次，最后加入 500μL Optin-MEM，静置备用。在 DF1 细胞中加入转染液，置 37℃ 温箱中（5% CO_2）4h。弃去转染液，加入含 10% 胎牛血清 DMEM 培养液 2mL 继续培养。转染后 36h 裂解细胞。弃去培养液，使用 PBS 洗涤 3 次，吸干净 PBS，在细胞上均匀滴加 IP 裂解 buffer（200μL/孔），4℃ 裂解 20min。收集裂解液，10 000g 离心 5min。将上清液转移至新的 EP 管中，取出 40μL 作为对照（input）。剩余上清液中加入 15μLAnti-Flag M2 Affinity Gel（结合有 Flag 抗体的 beads）（sigma，A2220），然后每管补加冷的 PBS 200μL，置于旋转混匀器上，4℃ 条件下作用 12h。按常规方法进行 SDS-PAGE 电泳，取 20μL IP 样品进行 12%SDS-PAGEP 电泳，后采用半干法转移蛋白样品到硝酸纤维素膜（Nitrocellulose Blotting Membranes，NC）膜上（15 V 45min）进行 Western blot 检测。使用 5% 脱脂乳，4℃ 封闭过夜。封闭完成后，使用 PBST 洗涤 3 次，3min/次。加入 PBS 稀释的鼠抗 HA 抗体（sigma，H9658）（1∶10 000稀释）和鼠抗 Flag 抗体（sigma，F3040）（1∶3 000稀释）为一抗，在水平摇床上室温缓慢摇动孵育 1h。用 PBST 洗涤 3 次，3min/次。加入 PBS 稀释的羊抗鼠红外二抗（Li -CorCor）

（1：10 000稀释），于水平摇床上室温缓慢摇动孵育 1h。用 PBST 洗涤 3 次，3min/次，使用红外扫描仪检测目的蛋白条带。

（八）激光共聚焦试验

将质粒 pCAF-Snapin 和 pCAH-PR 转染培养于六孔板的 DF1 细胞，进行激光共聚焦检测，观察蛋白在细胞中的定位情况。共设置 4 个组别 pCAF-Snapin 和 pCAH-PR 共转组、pCAF-Snapin 单转组、pCAH-PR 单转组。单质粒转染时 3μg/孔，共转染时每个质粒各 3μg/孔。转染后24h，将细胞传代至激光共聚焦专用平皿（直径 2 cm）中，细胞密度为 30%~40%。细胞贴壁完全后，吸弃细胞培养液，用 PBS 洗涤 2 次。吸干净 PBS，每个小皿中加入无水乙醇 1 mL，固定细胞20min。弃去无水乙醇，用 PBS 洗涤 3 次，加入 1 mL0.1% Triton X-100，室温作用 10min。弃去 Triton X-100，用 PBS 洗涤 3 次，加入兔抗 HA 抗体（sigma，H6908）和鼠抗 Flag 抗体（sigma，F3040）（使用 PBS1：100 稀释），37℃作用 1h。弃去一抗，用 PBS 洗涤 3 次，加入羊抗鼠 FITC 标记二抗（sigma，F0257）和羊抗兔 TRITC 标记的荧光二抗（sigma，T6778）（使用 PBS1：100 稀释），37℃作用 1h（需避光）。弃去二抗，用 PBS 洗涤 3 次，加入 DAPI 细胞核染色液，室温避光染色 10min。洗涤，使用激光共聚焦显微镜（Leica）观察细胞内荧光。

三、结果

（一）PR-pGBKT7 诱饵质粒的构建

PR 基因 PCR 扩增凝胶电泳图见图 2-10。如图所示，在 700bp 附近有清晰条带，与预期相符，测序结果表明扩增的 PR 基因为 648bp，没有碱基变化。诱饵质粒 PR-pGBKT7 经 EcoR Ⅰ

和 BamHI 双酶切鉴定结果见图 2-11，由图可以看出，诱饵质粒经酶切后在 7.3kb 和 700bp 附近，均出现目的条带。

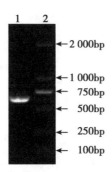

图 2-10　PR PCR 产物凝胶电泳

Fig. 2-10　Electrophoretic analysis of the PCR products of PR

1. PR；2. DL2000Marker

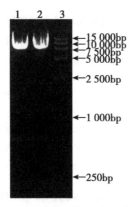

图 2-11　诱饵质粒双酶切鉴定

Fig. 2-11　Identification of bait plasmidplasmid by restriction enzymes digestion

1-2. PR-pGBKT7 经 EcoR Ⅰ、BamHI 酶切；3. DL15000Marker

（二）pGBPR 诱饵质粒自激活性与毒性检测

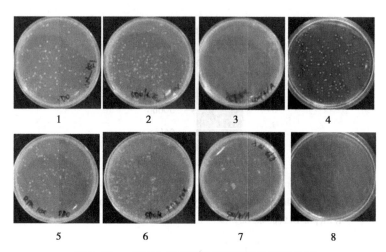

图 2-12　pGBPR 诱饵质粒自激活性与毒性检测

Fig. 2-12　Self-activation and toxicity detection of pGBPR

1. pGBKT7 在 SDO 平板生长状况；2. pGBKT7 在 SDO/X 平板生长状况；
3. pGBKT7 在 SDO/X/A 平板生长状况；4. 阳性对照；5. pGBPR 在 SDO 平板生长状况；6. pGBPR 在 SDO/X 平板生长状况；7. pGBPR 在 SDO/X/A 平板生长状况；8. 阴性对照

1. pGBKT7 grow on SDO；2. pGBKT7 grow on SDO/X；3. pGBKT7 grow on SDO/X/A；4. Positive Control；5. pGBPR grow on SDO；6. pGBPR grow on SDO/X；7. pGBPR grow on SDO/X/A；8. Negative Control

　　图 2-12 为 pGBPR 诱饵载体和 pGBKT7 空载体在 SDO、SDO/X、SDO/X/A 三种平板上的生长状况以及阴阳性对照生长情况。由图可以看出，阳性对照菌在 SDO/X/A 平板上菌落颜色变蓝；阴性对照在 SDO/X/A 平板上无菌落生长，说明对照组成立。pGBKT7 空载体转化菌在 SDO/X 平板上生长正常，菌落颜色为白色，在 SDO/X/A 平板上无菌落生长。pGBPR 转化菌在

SDO/X 平板上可见与 pGBKT7 空载体转化菌类似的白色菌落，酵母生长状况良好，而在 SDO/X/A 平板上没有菌落生长。以上结果说明 pGBPR 诱饵载体无自激活活性，且 PR 对酵母菌株无毒性，可以进行下一步文库的筛选实验。

（三）文库滴度检测

文库滴度检测结果见图 2-13。在 10^{-4} 稀释度的 SD/-Leu 平板上，有 182 个菌落生长，10^{-5} 稀释度的平板上有 15 个菌落生长，根据公式计算文库滴度，文库滴度（cfu/mL）= SD/-Leu 平板上的菌落数目/100×稀释度×1 000×文库总体积（mL），计算文库滴度为 $1.5×10^{7}$ cfu/mL，滴度达到要求，可以满足下游实验要求。

（四）杂交效率检测

杂交菌体用 10mL0.5×YPDA 重悬，SD/-Trp，SD/-Leu 和

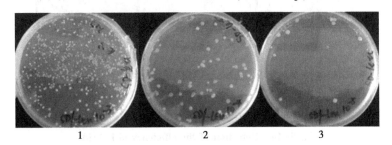

图 2-13 文库滴度检测

Fig. 2-13 Detection of library titer

1. 10^{-3} 稀释度 SD/-Leu 平板；2. 10^{-4} 稀释度 SD/-Leu 平板；3. 10^{-5} 稀释度 SD/-Leu 平板

1. 10^{-3} dilution on SD/-Leu；2. 10^{-4} dilution on SD/-Leu；3. 10^{-5} dilution on SD/-Leu

DDO 三种平板上菌落生长状况见图 2-14。筛选克隆数为 $3×10^5×10×10 = 3×10^7$，达到实验要求。杂交效率 = （DDO 平板 10^{-5} 菌落数）/（SD/- Leu 平板 10^{-5} 菌落数）× 100% = 2/12 × 100% = 66.7%。

挑取 QDO 筛选平板上长出的菌落在 QDO/X/A 平板上划线，挑取平板上长出的蓝色菌落进行 PCR 反应，核酸凝胶电泳结果见图 2-15。可见条带大小分布于 300~1 500bp 之间，选取电泳

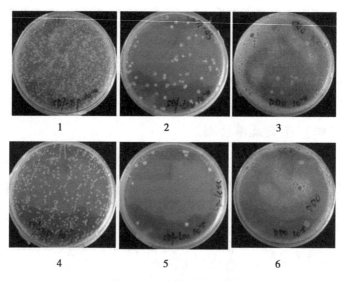

图 2-14 杂交效率检测

Fig. 2-14 Detection of the efficiency of hybrid

1. 10^{-4} 稀释度 SD/-Trp 平板菌落生长情况；2. 10^{-4} 稀释度 SD/-Leu 平板菌落生长情况；3. 10^{-4} 稀释度 DDO 平板菌落生长情况；4. 10^{-5} 稀释度 SD/-Trp 平板菌落生长情况；5. 10^{-5} 稀释度 SD/-Trp 平板菌落生长情况；6. 10^{-5} 稀释度 SD/-Leu 平板菌落生长情况；7. 10^{-5} 稀释度 DDO 平板菌落生长情况

1. 10^{-4} dilution on SD/-Trp; 2. 10^{-4} dilution on SD/-Leu; 3. 10^{-4} dilution on DDO; 4. 10^{-5} dilution on SD/-Trp; 5. 10^{-5} dilution on SD/-Leu; 6. 10^{-5} dilution on DDO

结果为明亮、单一条带的 PCR 产物送华大基因公司进行序列测定，并对测序结果进行分析。根据 pGADT7 载体序列，CCAT-TATGGCCGGG 碱基序列下游第二个碱基开始编码氨基酸。将推导的氨基酸序列在 NCBI 进行蛋白比对。根据核苷酸序列和推导氨基酸序列比对结果，筛选到的蛋白中，除鸡源 Snapin 蛋白外，还核糖体蛋白 L12（RPL12）、核糖体蛋白 S20（RPS20）、Na$^+$/K$^+$ATP 酶 β1 亚基（ATP1B1）以及内质网转运蛋白。

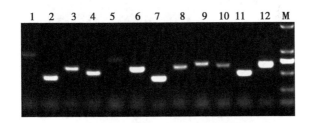

图 2-15 文库质粒 PCR 凝胶电泳

Fig. 2-15 Electrophoretic analysis of the PCR products of library plasmids

1-12. 文库质粒 PCR 电泳结果；M. DL2000Marker

1-12. PCR products of library plasmids；M. DL2000Marker

（五）回转验证实验结果

图 2-16 为 Snapin 文库质粒的回转验证结果。诱饵载体 pG-BPR 与空捕获载体 pGADT7 共转组在 DDO 培养基上见到白色酵母菌落生长，在 QDO、QDO/X/A 培养基上均无酵母菌落生长。阳性对照组（pGADT7-53 / pGADT7-T 共转）在 DDO 和 QDO 培养基上可见白色菌落生长，在 QDO/X/A 培养基上见蓝色菌落生长。阴性对照组（pGADT7-Lam / pGADT7-T 共转）在 DDO 培养基上可见白色菌落，在 QDO、QDO/X/A 培养基上均无菌落生长（图 2-16）。以上结果说明所构建的诱饵载体 pGBPR 在酵

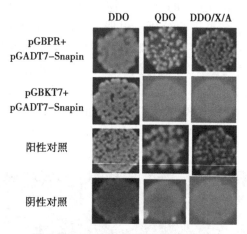

图 2-16　Snapin 文库质粒回返验证

Fig. 2-16　Regression verification of Snapin plasmid

1. pGBPR 诱饵质粒+pGADT7-Snapin 文库质粒共转化菌落；2. 阳性对照转化菌落；3. pGBKT7+pGADT7-Snapin 文库质粒共转化菌落；4. 阴性对照转化菌落

1. pGBPR+pGADT7-Snapin library plasmid cotransformation；2. Positive Control transformation；3. pGBKT7 + pGADT7 - Snapin library plasmid cotransformation；4. Negative Control transformation

母双杂交系统中均无自激活作用。

（六）PR 与 Snapin 真核表达质粒构建

图 2-17 为 Snapin 基因扩增结果。由图可见从目的片段大小在 400bp 左右，与预期相符。图 2-18 为 Snapin 真核表达质粒 pCAGGS-Snapin 经 Xhol/Smal 双酶切鉴定结果，由图可以看出，质粒经酶切后在 5.0kb 和 400bp 处，均出现目的条带。将鉴定正确的质粒送华大基因公司测序。结果显示 Snapin 成功克隆入 pCAF。PR 真核表达质粒双酶切鉴定结果见图 2-19。

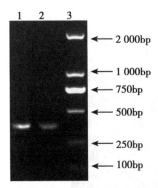

图 2-17 Snapin 基因 PCR 凝胶电泳图

Fig. 2-17 PCR products of Snapin

1-2. Snapin PCR 产物 Snapin PCR products；3. DL2000Marker

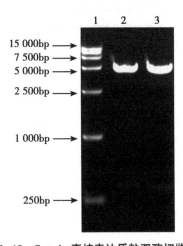

图 2-18 Snapin 真核表达质粒双酶切鉴定

Fig. 2-18 Identification of pCAGGS-Snapin by restriction enzymes digestion

1. DL15 000Marker；2-3. pCAGGS-Snapin 经 Xhol 和 Smal 酶切

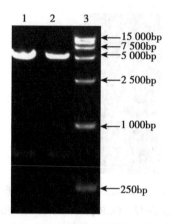

图 2-19 PR 真核表达质粒双酶切鉴定

Fig. 2-19 Identification of pCAGGS-PR by restriction enzymes digestion

1-2. pCAGGS-PR 经 EcoR Ⅰ、Xhol Ⅰ 酶切；3. DL15000Marker

（七）免疫共沉淀（co-IP）试验

结果如图 2-20 所示，PR 与宿主蛋白 Snapin 正确表达，两者共转时 Snapin-Flag 可以把 PR-HA 沉淀下来，而 pCAH-PR 单独转染组 Snapin 蛋白未能被沉淀下来。Co-IP 结果证明 PR 与宿主蛋白 Snapin 之间存在相互作用。

（八）激光共聚焦试验

激光共聚焦试验结果如图 2-21 所示，Snapin 显示绿色荧光，定位于细胞核；PR 蛋白显示红色荧光，主要定位于细胞核，细胞质中也有分布。Snapin 和 PR 在细胞中共表达时，可见到红色荧光和绿色荧光相互叠加产生黄色荧光，黄色荧光位于细胞核中，说明两者在细胞核中发生共定位。

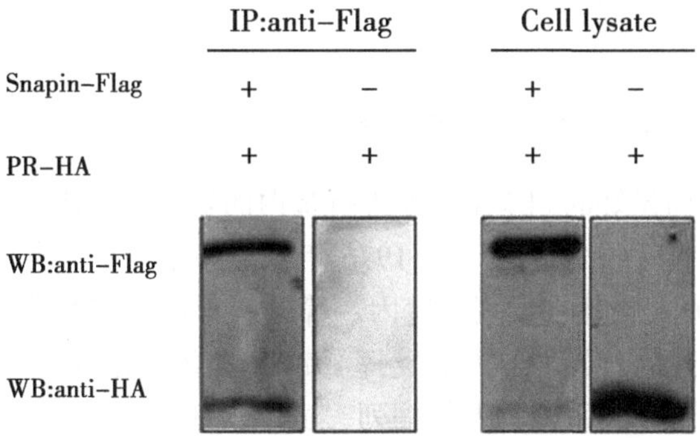

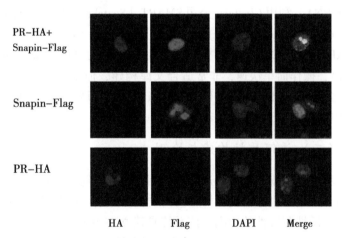

图 2-20　Co-IP 验证 PR 与宿主细胞蛋白 Snapin 的相互作用

**图 2-21　激光共聚焦技术检测 PR 和宿主蛋白
Snapin 在 DF1 细胞中共定位**

四、讨论

（一）文库构建与质量鉴定

利用构建好的 cDNA 文库进行蛋白的筛选已经成为基因组学研究中的有效技术手段。自 1976 年，第一个 cDNA 文库被成功构建，cDNA 文库在发现新基因、筛选、分离特定基因及研究基因时空表达的特异性等方面发挥了越来越重要的作用。cDNA 文库不含内含子和系列的调控序列，适用于基因的克隆、表达。高质量的全长 cDNA 文库是酵母双杂交筛选的基础，高质量的 RNA 又是决定 cDNA 质量的关键点。本实验室前期提取了高质量的 RNA，利用 Clontech 公司 SMART（Switching Mechanism At 5′end of the RNA Transcript）法构建了高质量的 CEF cDNA 文库。SMART 建库技术在保持序列完整性的同时又可产生高通量的 cDNA，操作简单快速，非常适合文库构建，但该法构建的文库基因的阅读框比较容易移码。这一点在后面对筛选到的文库蛋白的测序结果进行分析时也有体现。

（二）诱饵质粒构建与检测

利用酵母双杂交系统进行蛋白相互作用筛选，需要将诱饵蛋白与 pGBKT7 载体连接，构建诱饵质粒，并且须对诱饵质粒进行自激活活性和毒性的检测。该系统是建立在 BD 和 AD 结合启动下游基因表达的基础上的。因此，假设诱饵蛋白本身有自激活性，则不需要有互作蛋白，也可激活下游报告基因的表达，出现假阳性。因此，对诱饵载体进行自激活性的检测是必需的。另外，某些蛋白会对酵母菌株产生毒性，影响酵母生长，甚至造成酵母菌死亡，所以还需对诱饵质粒进行毒性检测。本实验根据 pGBKT7 的酶切位点，分析了 PR 基因序列，设计扩增 PR 引物

时引入 EcoRⅠ和 BamHI 酶切位点,通过酶切将 PR 基因连接到
pGBKT7 载体,成功构建用于酵母双杂交筛选的 pGBKT7-PR 诱
饵质粒。将 pGBKT7-PR 涂布不同的培养基,并检测其自激活性
及毒性,结果发现含 X-α-gal 平板上菌落颜色为白色,与转化
pGBKT7 空载体的平板相比,菌落数量及大小无明显差别,证实
构建的诱饵质粒没有自激活活性,且对酵母菌株也无毒性,可用
于后续的文库筛选实验。

(三) 文库筛选

本实验利用构建的 pGBKT7-PR 诱饵质粒筛选 CEF cDNA 文
库。在进行文库筛选之前,同步检测了文库滴度,避免因文库滴
度不达标而造成筛选到较少的阳性克隆,甚至导筛选不到阳性克
隆。MEL1 对于 Y2H Gold 是内源性的,可通过向培养基中添加
X-α-Gal 检测其活性,若 MEL1 报告基因被激活,阳性克隆变为
蓝色。Aba (Aureobasidin A) 可抑制由 AUR1 基因表达的酵母酶
IPC 的合成。表达 AUR1-C 突变基因的转化酵母菌株可获得抗
生素抗性,可作为酵母双杂交筛选的报告基因。本实验根据 pG-
BKT7-PR 诱饵质粒通过在 SD/-4 平板中的初步筛选我们得到
145 个阳性克隆。对 145 个阳性克隆的 PCR 产物进行序列测定,
根据测序结果对筛选到蛋白的核苷酸序列和推导氨基酸序列分析
比对,结果发现,筛选到的文库基因大多数存在着阅读框移码问
题。因此,根据 pGADT7 载体序列,选择 MCS 区域 CCATTATG-
GCCGGG 序列后第二个碱基开始翻译为氨基酸序列,在 NCBI 上
进行蛋白序列比对,仅 33 个文库基因克隆对应着相应目的蛋白。

对筛选到的文库蛋白进行分析发现,共筛选到 5 种类型的目
的蛋白:Snapin 蛋白、核糖体蛋白 L12 (RPL12)、核糖体蛋白
S20 (RPS20)、Na^+/K^+ATP 酶 β1 亚基 (ATP1B1) 以及内质网
转运蛋白。文献查阅发现,核糖体蛋白,内质网蛋白主要在蛋白

合成的修饰和转运过程中发挥作用。目前未见有关这些蛋白在病毒感染过程中发挥作用的研究报道。Na^+/K^+-ATP 酶是一种跨膜蛋白，广泛存在于真核生物细胞膜中，是细胞能量转换的重要系统。它利用水解 ATP 释放的能量跨膜转运 Na^+、K^+、糖、氨基酸以及其他离子，调节细胞内 Na^+、K^+ 的平衡，维持细胞内环境的稳定。研究表明，Na^+/K^+-ATP 酶 β1 亚基（ATP1B1）与肿瘤的发生、发展密切相关。

（四）Snapin 蛋白

Snapin 是一个分子量约为 16KD 的小蛋白，作为一种外周膜蛋白，在体内细胞中分布较广泛[258-261]。Snapin 蛋白是在神经细胞中第一个证实的 SNARE 结合蛋白，作为 SNARE 复合物中的 SNAP-25 结合蛋白，在神经递质释放中有重要的调节功能[262]。目前，多数研究集中于其在神经细胞上的功能。Snapin 能够和许多细胞内有重要作用的蛋白成分有相互作用，参与或者调节许多细胞生物化学过程[263-267]。Snapin 能控制 SNARE 复合体和钙传感蛋白的结合；促进神经细胞中突触小泡的融合[268]；参与调节 Ca^{2+} 在神经细胞中的分泌，缺失时，将导致神经细胞退化[269]。Snapin 在非神经细胞中能够和 SNAP23 结合[270]；还是 BLOC-1 复合体的组成成分；Snapin 是蛋白激酶 A（PKA）的底物，能够被磷酸化[271]，还是 toll 样受体的配合基，与 toll 样受体 TLR2 存在相互作用[272]。Snapin 能够和许多细胞内有重要功能的蛋白成分如酪蛋白激酶（CK1）[273]、G protein signaling 7（RGS7）[274]、腺苷酸环化酶 VI（ACVI）、CEP110、NANOS1、PUM2 等有相互作用，推测其可能在 mRNA 的翻译过程中具有作用，并借此发挥一定的抗病毒作用[275-278]。已有研究表明 Snapin 蛋白能够与人巨细胞病毒（HCMV）的 UL79 相互作用，推测其在病毒感染中有重要作用。HCMV 的激发酶 UL70 能够和 Snapin 相互作用，且

Snapin 的表达使得病毒的滴度有所下降[279]。通过 UL70，Snapin 能下调 HCMV UL99 蛋白表达，从而抑制病毒基因合成与病毒复制，在病毒感染中发挥重要作用[280]。Snapin 还可作为正调控因子，通过 RyR 诱导 Ca^{2+} 释放，是 HIV-1 复制所必需的[281]。

Snapin 蛋白能够和许多细胞内有重要作用的蛋白成分相互作用，参与、调节许多细胞生物化学过程，且可能在 mRNA 翻译过程中起到一定作用，并借此发挥抗病毒功能。对 Snapin 蛋白的研究已不再局限于其在神经细胞中的作用，而是逐步向其抗病毒功能的研究转移，对于其在抗病毒感染过程中到底发挥着什么样的功能和作用还有待于进一步的科学研究证实。

鉴于此，我们选择 Snapin 蛋白作为进一步研究对象，以期为解开 Snapin 蛋白与 PR 蛋白相互作用的神秘面纱提供进一步的科学依据。通过 NCBI 查找到鸡源 Snapin 基因序列，Trizol 法提取细胞总 RNA，反转录为 cDNA 后，以其为模版，扩增 Snapin 基因。为提高成功率，先用不带酶切位点的引物进行扩展，连接 pMD18-T，测序正确后，再用带标签和酶切位点的引物进行基因的扩展，将目的基因连接到 pGADT7 载体，进行酵母回转验证试验，结果表明捕获蛋白 Snapin 无自激活活性及毒性，且与 PR 在酵母系统中存在相互作用。以构建成功的 pGBKT7-PR 诱饵载体为模版，扩增带相应酶切位点的 PR 基因，连入带 HA 标签的 pCAGGS 真核表达载体。目前，国内外未见关于 REV 病毒蛋白与宿主蛋白相互作用的研究报道，本研究首次发现 PR 与宿主蛋白 Snapin 蛋白存在相互作用，但只是初步在酵母细胞内验证了两个蛋白存在相互作用，为进一步研究 Snapin 与 PR 相互作用奠定了基础，为深入研究 Snapin 在 REV 感染细胞的过程中发挥的具体作用提供了理论依据。

研究结果

（1）首次对我国东北地区野生鸟类进行了 REV、ALV-J、ALV-A、ALV-B、CAV、ARV、MDV、IBDV 等禽免疫抑制病病原携带情况的调查研究，结果表明我国野鸟携带 REV、ALV-A、ALV-B、CAV 和 ALV-J 等病原，且不同品种野鸟的带毒率和病毒分离率存在差异。

（2）首次成功从野鸟中分离出 REV，说明 REV 宿主范围在逐渐扩大，提示我们要密切关注野鸟在禽类病毒病传播中扮演的角色。通过对 10 株野鸟 REV 分离株保护性抗原基因 *gp90* 进行分子特征分析发现，野鸟源 REV 分离株与与中国台湾地区分离株和美国分离株亲缘关系较近，与 REV Ⅲ 型代表株 CSV 位于同一分支，与近几年我国北方禽源分离株亲缘关系最近，趋于形成一个北方分离群，提示他们可能有共同的起源。

（3）首次成功从野鸟分离到 ALV-J，提示 ALV-J 宿主范围在逐渐扩大。通过对 6 株野鸟分离株保护性抗原基因 *gp85* 进行序列演化分析发现，其中 2 株与 ALV-J 英国肉鸡原型毒株 HPRS-103 株亲缘关系最近。另外 4 株与中国近几年蛋鸡分离株亲缘关系较近。

（4）成功原核表达并纯化了 REV p30 蛋白；并制备了高效价的兔多克隆抗体，初步建立了检测 REV 血清抗体的间接 ELISA 诊断方法。

（5）成功构建了 PR-pGBKT7 酵母双杂交诱饵质粒，对 CEF cDNA 文库中进行酵母双杂交筛选实验。筛选到与 PR 相互作用的宿主蛋白 Snapin，并在酵母细胞中经回返验证正确。

参考文献

［1］ 刘应鹏，刘兴友，王艳玲，等．鸡病毒性免疫抑制病的研究进展［J］．中国畜牧兽医，2005，32（5）：57-60.

［2］ 陈悦，刘兴友．鸡病毒性免疫抑制病的流行病学研究进展［J］．中国畜牧兽医，2010，37（2）：192-194.

［3］ Witter RL，Johnson DC. 1985. Epidemiology of reticuloendotheliosis virus in broiler breeder flocks［J］. Avian Dis. 29：1 140-1 154.

［4］ Barbosa，T.，Zavala，G.，Cheng，S.，Villegas，P.，2007，Pathogenicity and transmission of reticuloendotheliosis virus isolated from endangered prairie chickens［J］. Avian Dis 51，33-39.

［5］ 胡北侠，黄艳艳，路希山，等．肉种禽网状内皮增生症、鸡传染性贫血和禽白血病血清学调查［J］．广东畜牧兽医科技.2009，34（1）：25-27.

［6］ 姜世金，孟珊珊，崔治中，等．我国自然发病鸡群中MDV、REV 和 CAV 共感染的检测［J］．中国病毒学，2005（20）：164-167.

［7］ 金文杰，崔治中，刘岳龙，等.2001.传染性法氏囊病病料中 MDV、CAV、REV 的共感染检测［J］．中国兽医学报.1：6-9.

［8］ 吉荣，刘岳龙，秦爱建．免疫抑制鸡群鸡传染性贫血

病毒和网状内皮增生症病毒共感染检测 [J]. 中国兽药杂志. 2001, 35 (4)：1-3.

[9] 秦立廷，高玉龙，潘伟，邓小芸，等. 我国部分地区蛋鸡群 ALV-J 与 REV、MDV、CAV 混合感染检测 [J]. 中国预防兽医学报. 2010, 32 (2)：90-93.

[10] Fadly A.M., & Payne L.N.. Leukosis/sarcoma group. In：Diseases of poultry, 11th ed. Y. M. Saif, ed. Iowa State University Press, Ames, IA. 2003, pp. 465-516.

[11] Payne L. N. , Gillespie A. M. , & Howes K. Myeloid leukaemogenicity and transmission of the HPRS-103 strain of avian leukosis virus [J]. Leukemia, 1991, 6：1 167-1 176.

[12] 徐镔蕊. 用 ALV-J *gp85* 单克隆抗体证明蛋鸡中存在 J 亚群禽白血病 [J]. 病毒学报, 2005, 36 (3)：269-271.

[13] 徐镔蕊，董卫星，余春明. 蛋鸡 J 亚群禽白血病的分子生物学诊断 [J]. 病毒学报, 2005, 21 (4)：289-292.

[14] 杜岩，崔治中，秦爱建，等. 鸡的 J 亚群白血病毒的分离及部分序列分析 [J]. 病毒学报, 2000, 16 (4)：341-346.

[15] 张小桃，卢受昇，张贺楠，等. J 亚群禽白血病病毒 SCAU-0901 株的分离鉴定 [J]. 中国兽医科学, 2009, 39 (8)：674-678.

[16] Fadly A. M. , Smith E. J. Isolation and some characteristics of a subgroup J-like avian leukosis virus associated with myeloid leukosis in meat-type chickens in the United States [J]. Avian Dis, 1999, 43：391-400.

[17]　Xu B. R. , Dong W. X. , Yu C. M. , et al. Occurrence of avian leukosis virus subgroup J incommercial layer flocks in China [J]. Avian Pathol, 2004, 33 (1): 13-17.

[18]　Yu-Long GAO, Li-Ting QIN, Wei PAN, Yong-qiang Wang, Xiao-le Qi, Hong-lei Gao, et al. Subgroup J avian leukosis virus in layer flocks in China [J]. Emerging Infectious Diseases, 2010, 16 (10): 2-5.

[19]　潘伟, 高玉龙, 孙芬芬, 等. 蛋鸡J亚群禽白血病病毒HB09JY03株的分离鉴定及全基因组序列分析 [J]. 中国兽医科学, 2010, 40 (11): 1 110-1 114.

[20]　潘伟, 高玉龙, 秦立廷, 等. 蛋鸡J亚群禽白血病病毒HLJ09MDJ-1株的分离鉴定 [J]. 动物医学进展, 2010, 31 (11): 1-3.

[21]　纪晓琳, 王琦, 高玉龙, 等. J亚群禽白血病病毒分离株HLJ09SH01株感染性克隆的构建及其致病性研究 [J]. 中国预防兽医学报, 2013, 35 (1): 15-18.

[22]　Payne L. N. , Brown S. R. , Bumstead N. , et al. A novel subgroup of exogenous avian leucosis virus in chickens [J]. J Gen Virol, 1991, 72, 801-807.

[23]　Payne L. N. , Gillespie A. M. , & Howes K. Myeloid leukaemogenicity and transmission of the HPRS－103 strain of avian leukosis virus [J]. Leukemia, 1992, 6: 1 167-1 176.

[24]　Fadly A. M. , & Payne L. N. Leukosis/sarcoma group. In: Diseases of poultry, 11th ed. Y. M. Saif, ed. Iowa State University Press, Ames, IA. 2003, pp. 465-516.

[25] Arshad, S.S., Bland, A.P., Hacker, S.M.and Payne, L. N. A low incidence of histiocytic sarcomatosis associated with infection of chickens with HPRS-103 strain of sub-group J avian leucosis virus [J]. Avian Dis. (1997a), 41, 947-956.

[26] Wang Q, Gao Y, Wang Y, et al. A 205-nucleotide deletion in the 3′untranslated region of avian leukosis virus subgroup J, currently emergent in China, contributes to its pathogenicity [J]. Journal of virology, 2012, 86 (23): 12 849-12 860.

[27] 冷毕丹, 吴元俊, 秦丽莉, 等. 广西主要地方优良品种鸡禽白血病的感染情况调查 [J]. 广西畜牧兽医, 2013, 29 (3): 148-149.

[28] 戴银, 赵瑞宏, 胡晓苗, 等. 安徽省五华鸡J亚群禽白血病病毒 gp85 基因分子序列特征分析 [J]. 中国畜牧兽医, 2013, 40 (11): 195-200.

[29] 张丹俊, 赵瑞宏, 沈学怀, 等. 黄羽肉鸡J亚群禽白血病肿瘤及相关病变发生规律的研究 [J]. 中国家禽, 2013, 35 (20): 15-19.

[30] 王丽, 李传龙, 赵鹏, 等. 进口海兰褐祖代鸡禽白血病感染状态的持续观察及与国内发病鸡群种蛋 p27 检出率, 病毒分离率的相关性 [J]. 中国兽医学报, 2013, 33 (1): 20-23.

[31] Smith L.M., Brown S.R., Howes K., et al.Development and application of polymerase chain reaction (PCR) tests for the detection of subgroup J avian leukosis virus [J]. Virus Res, 1998, 54, 87-98.

[32] 孙泉云, 袁明龙. 野鸟传播的重要传染病研究进展

[J]. 动物医学进展, 2007, 28 (3): 54-57.

[33] 李井春, 赵凤菊, 于学武, 等. 野鸟在禽流感流行病学中的作用研究进展 [J]. 中国畜牧兽医, 2010, 37 (7): 178-180.

[34] Coffin JM. Structure of the retroviral genome. RNA tumor viruses. Molecular Biology of Tumor Viruses [J]. 2 Cold Spring Harbor Laboratory. Cold Spring Harbor. 1982, NY: 261-368.

[35] Robinson F., and Twiehaus M. Historical Note: Isolation of the Avian Reticuloendothelial Virus (Strain T). Avian Dis 1974a, 18 (2): 278-288.

[36] Theilen G. H., Zeigel R., and Twiehaus M. Biological studies with RE virus (strain T) that induces reticuloendotheliosis in turkeys, chickens, and Japanese quail [J]. J Natl Cancer Inst 1966, 37 (6): 731-743.

[37] Cook M. K. Cultivation of a filterable agent associated with Marek's disease [J]. J Natl Cancer Inst 1969, 43 (1): 203-212.

[38] Trager W. A new virus of ducks interfering with development of malaria parasite (*Plasmodium lophurae*) [J]. Proceedings of the Society for Experimental Biology and Medicine. 1959, 101: 578-582.

[39] Ludford C., Purchase H., and Cox H. Duck infectious anemia virus associated with Plasmodium lophurae [J]. Experimental parasitology 1972, 31 (1): 29-38.

[40] Hu Sylvia SF, Lai Michael MC, Wong TC. Avian reticuloendotheliosis virus: characterization of genome structure

by heteroduplex mapping [J]. J Virol Methods. 1981, 37 (3): 899-907.

[41]　Hu Sylvia SF, Lai Michael MC, Wong TC. Avian reticuloendotheliosis virus : characterization of genome structure by heteroduplex mapping [J]. J Virol Methods. 1981, 37 (3): 899-907.

[42]　Barth, C. F. , Ewert, D. L. , Olson, W. C. , Humphries, E. H. Reticuloendotheliosis virus REV - T (REV-A) -induced neoplasia: development of tumors within the T-lymphoid and myeloid lineages [J]. J Virol. 1990, 64, 6 054-6 062.

[43]　Baxter-Gabbard KL, Campbell WF, Padgett F. Avian reticuloendotheliosis virus (strainT). Ⅱ. Biochemical and biophysical properties [J]. Avian Disease. 1971, 15: 850-862.

[44]　Coffin JM. Structure of the retroviral genome. RNA tumor viruses. Molecular Biology of Tumor Viruses [J]. 2 Cold Spring Harbor Laboratory. Cold Spring Harbor. 1982, NY: 261-368.

[45]　何宏虎, 陈溥言, 蔡宝祥. 禽网状内皮组织增生病病毒的分离鉴定 [J]. 中国畜禽传染病. 1988, 1-2.

[46]　Chen PY, Cui ZZ, Lee LF, et al. Serologic difference among nondefective reticuloendotheliosis viruses [J]. Arch. Virol. 1987, 93: 233-246.

[47]　Mays J, Silva R, Lee L, et al. Characterization of reticuloendotheliosis virus isolates obtained from broiler breeders, turkeys, and prairie chickens located in various geographical regions in the United States [J]. Avian

Pathol, 2010, 39: 383-389.

[48] Barbosa T, Zavala G, Cheng S, et al. Full genome sequence and some biological properties of reticuloendotheliosis virus strain APC - 566 isolated from endangered Attwater's prairie chickens [J]. Virus Res. 2007, 124, 68-77.

[49] Liu Q, Zhao J, Su J, et al. Full genome sequences of two reticuloendotheliosis viruses contaminating commercial Vaccines [J]. Avian Dis. 2009, 53: 341-346.

[50] Mays J, Silva R, Lee L, et al. Characterization of reticuloendotheliosis virus isolates obtained from broiler breeders, turkeys, and prairie chickens located in various geographical regions in the United States [J]. Avian Pathol. 2010, 39: 383-389.

[51] Zavala G, Cheng S, Barbosa T. Enzootic Reticuloendotheliosis in the Endangered Attwater's and Greater Prairie Chickens Guillermo [J]. Avian Dis. 2006, 50: 520-525.

[52] 崔治中. 中国鸡群病毒性肿瘤病及防控研究 [M]. 中国农业出版社, 2013, 2-112.

[53] Zeigel R. , Theilen G. , and Twiehaus M. Electron microscopic observations on RE virus (strain T) that induces reticuloendotheliosis in turkeys, chickens, and Japanese quail [J]. J Natl Cancer Inst 1966, 37 (6): 709-729.

[54] Baxter-Gabbard KL, Campbell WF, Padgett F. Avian reticuloendotheliosis virus (strainT). Ⅱ. Biochemical and biophysical properties [J]. Avian Disease. 1971,

15: 850-862.

[55] Barth CF, Humphries EH. Expression of v-relinduces mature B-cell lines that reflect thediversity of avian immunoglobulin heavy and light - chain rearrangements [J]. Molecular and Cellular Biology. 1988, 8: 5 358-5 368.

[56] Barbosa T, Zavala G, Cheng S, et al. Full genome sequence and some biological properties of reticuloendotheliosis virus strain APC - 566 isolated from endangered Attwater's prairie chickens [J]. Virus Res. 2007, 124, 68-77.

[57] Witter RL, Fadly AM. Reticuloendotheliosis [C]. Diseases of poultry, 11th ed. State University Press, 2003, 517-535.

[58] Jones D, Brunovskis P, Witter R, et al. Retroviral insertional activation in a herpesvirus: Transcriptional activation of US genes by an integrated long terminal repeat in a Marek's disease virus clone [J]. J Virol. 1996, 70: 2 460-2 467.

[59] Shimotohno K. , Mizutani S. , and Temin H. M. Sequence of retrovirus provirus resembles that of bacterial transposable elements. Nature 1980, 285 (5766): 550-554.

[60] Ridgway A. A. G. Reticuloendotheliosis virus long terminal repeat elements are efficient promoters in cells of various species and tissue origin, including human lymphoid cells. Gene 1992, 121 (2): 213-218.

[61] Chen IS, Malk TW, O' Pear JJ, et al. Characterization of retieuloendotheliosis virus strainT/DNA and isolation of

a novel variant of reticuloendotheliosis virus strain T by molecular cloning [J]. J Virol. 1981, 40: 800-811.

[62] Cohen M, Rein A, Stephens R. M, et al. Baboon endogenous virus genome. Ⅲ. non - Molecular cloning and structural characterization of defective viral genomes from the DNA of ababoon cell strain [J]. Proc. National Academy Science. 1981, 78: 5 207-5 211.

[63] Wong TC, Lai MMC. Avian reticuloendotheliosis virus contains a new class of oneogene of turkey origin [J]. Virology. 1981, 111: 289-293.

[64] Liss A. S. , and Bose Jr H. R. Mutational analysis of the v-Rel dimerization interface reveals a critical role for v-Rel homodimers in transformation [J]. J Virol, 2002, 76 (10): 4 928-4 939.

[65] 殷震, 刘景华. 动物病毒学 (第二版). 科学出版社, 1997, 329-331.

[66] Tsai W.P., Copeland T.D., and Oroszlan S. Purification and chemical and immunological characterization of avian reticuloendotheliosis virus gag-gene-encoded structural proteins. Virology, 1985, 140 (2): 289-312.

[67] Weaver T A, Talbot K J, Panganiban A T. Spleen necrosis virus gag polyprotein is necessary for particle assembly and release but not for proteolytic processing [J]. Journal of Virology, 1990, 64 (6): 2 642-2 652.

[68] Li K, Gao H, Gao L, et al. Recombinant *gp90* protein expressed in *Pichia pastoris* induces a protective immune response against reticuloendotheliosis virus in chickens [J]. Vaccine, 2012, 30 (13): 2 273-

2 281.

[69] Isfort R, Jones D, Kost R. , et al. Retrovirus insertion into herpesvirus in vitro and in vivo [J]. Proc Natl Acad Sci. 1992, 89: 991-995.

[70] Hertig C, Coupar BE, Gould AR, et al. Field and vaccine strains of fowlpox virus carry integrated sequences from the avian retrovirus, reticuloendotheliosis virus [J]. Virology, 1997, 235: 367-376.

[71] Jones D, Isfort R, Witter R, et al. Retroviral insertions into a herpesvirus are clustered at the junctions of the short repeat and short unique sequences [J]. Proc Natl Acad Sci. 1993, 90: 3 855-3 859.

[72] Tadese T, Fitzgerald S, Reed W M. Detection and differentiation of reemerging fowlpox virus (FWPV) strains carrying integrated reticuloendotheliosis virus (FWPV-REV) by real-time PCR [J]. Vet Microbiol, 2008, 127: 39-49.

[73] Paul PS, Johnson KH, Pomeroy KA, et al.Experimental transmission of reticuloendothelios is in turkeys with the cell culture propagated reiculoendotheliosis viruses of turkey origin [J]. Joumal of the National Cancer Institute, 1977, 58: 1 819-1 824.

[74] Miller, P.E., Paul-Murphy, J., Sullivan, R., Cooley, A. J., Dubielzig, R. R., Murphy, C. J., Fadly, A. M. Orbital lymphosarcoma associated with reticuloendotheliosis virus in a peafowl.J Am Vet Med Assoc. 1998, 213, 377-380.

[75] Trampel, D. W., Pepper, T. M., Witter, R. L. Reticu-

参考文献

loendotheliosis in Hungarian partridge [J]. J Wildl Dis. 2002, 38, 438-442.

[76] Cheng, Z., Shi, Y., Zhang, L., Zhu, G., Diao, X., Cui, Z.Occurrence of reticuloendotheliosis in Chinese partridge [J]. J Vet Med Sci.2007a, 69, 1 295-1 298.

[77] Schat, K. A., Gonzalez, J., Solorzano, A., Avila, E., Witter, R. L. A lymphoproliferative disease in Japanese Quail [J]. Avian Dis. 1976, 20, 153-161.

[78] Miller, P.E., Paul-Murphy, J., Sullivan, R., Cooley, A. J., Dubielzig, R. R., Murphy, C. J., Fadly, A. M. Orbital lymphosarcoma associated with reticuloendotheliosis virus in a peafowl [J]. J Am Vet Med Assoc. 1998, 213, 377-380.

[79] Trampel, D.W., Pepper, T.M., Witter, R.L.Reticuloendotheliosis in Hungarian partridge [J]. J Wildl Dis.2002, 38, 438-442.

[80] Zavala G, Cheng S, Barbosa T. Enzootic Reticuloendotheliosis in the Endangered Attwater's and Greater Prairie Chickens Guillermo [J]. Avian Dis. 2006, 50: 520-525.

[81] Barbosa, T., Zavala, G., Cheng, S., Villegas, P.Pathogenicity and transmission of reticuloendotheliosis virus isolated from endangered prairie chickens [J]. Avian Dis. 2007, 51, 33-39.

[82] Mays J, Silva R, Lee L, et al. Characterization of reticuloendotheliosis virus isolates obtained from broiler breeders, turkeys, and prairie chickens located in various geographical regions in the United States [J]. Avian

Pathol.2010, 39: 383-389.

[83] Bose HR, Levine AS. Replication of the reticuloendothe-liosis virus (strainT) in chicken embryo cell culture [J]. Journal of Virology. 1967, 1: 1 117-1 121.

[84] Fritsch RB, Kang CY, Wan KMM, et al. Transformation of chick embryo fibroblasts by reticuloendotheliosis virus [J]. Virology, 1977, 83: 313-321.

[85] Temin HM, Kassner VK. Replication of reticuloendothe-liosis viruses in cell culture: acute infection [J]. Journal of Virology, 1974, 13: 291-297.

[86] Cook MK. Cultivation of filterable agent associated with Marek, s disease [J]. Joumal of the National Cancer Institute, 1969, 43: 203-212.

[87] Paul PS, Johnson KH, Pomeroy KA, et al. Experimental transmission of reticuloendothelios is in turkeys with the cell culture propagated reiculoendotheliosis viruses of turkey ori-gin [J]. Joumal of the National Cancer Institute, 1977, 58: 1 819-1 824.

[88] Simek S. , and Rice N. R. Analysis of the nucleic acid components in reticuloendotheliosis virus [J]. J Virol, 1980, 33 (1): 320-329.

[89] Watanabe K. , Fuse T. , Asano I. , et al. Identification of Hsc70 as an influenza virus matrix protein (M1) binding factor involved in the virus life cycle [J]. FEBS letters, 2006, 580 (24): 5 785-5 790.

[90] Keshet E. , and Temin H. M. Cell killing by spleen nec-rosis virus is correlated with a transient accumulation of spleen necrosis virus [J]. DNA. J Virol, 1979, 31

(2): 376-388.

[91] Bagust, T.J., Grimes, T.M., Dennett, D.P. Infection studies on a reticuloendotheliosis virus contaminant of a commercial Marek's disease vaccine [J]. Aust Vet J, 1979, 55, 153-157.

[92] Zavala, G., Cheng, S., Barbosa, T., Haefele, H. Enzootic reticuloendotheliosis in the endangered Attwater's and greater prairie chickens [J]. Avian Dis., 2006, 50, 520-525.

[93] Wakabayashi T., and Kawamura H. Serological survey of reticuloendotheliosis virus infection among chickens in Japan [J]. Natl Inst Anim Health Q (Tokyo), 1977, 17 (2): 73-74.

[94] Seong HW, Kim SJ, Kim JH, et al. Outbreaks of reticuloen do the liosis in Korea [J]. RDA Journal of Agrieultural Science Veterinary, 1996, 38: 707-715.

[95] Aly MM, Hassan MK, Elzahr AA, et al. Serological survey on retieuloendotheliosis virus infection in comercial chicken and turkey flocks in EgyPt. Proceedings of the 5th Science Conference [C]. Egypt Vet Poultry Association. 1998, 51-68.

[96] Witter RL. Reticuloendothelisis. B W Calnek. Diseases of Poultry (10th) [M]. Iowa State University Press. 1997, 467-484.

[97] Cheng WH, Huang YP, Wang CH. Serological and virological surveys of reticuloendotheliosis in chickens in Taiwan [J]. J Vet Med Sci. 2006, 68 (12): 1 315-1 320.

[98] Guillermo Zavala, Sunny Cheng, Taylor Barbosa, et al. Enzootic Reticuloendotheliosis in the Endangered Attwater's and Greater Prairie Chickens [J]. Avian Dis. 2006, 50：520-525.

[99] 崔治中, 孙怀昌, 朱承如. 禽白血病及网状内皮增生病感染情况的调查 [J]. 中国畜禽传染病, 1987, 1：37-38.

[100] 何宏虎, 陈溥言, 蔡宝祥. 禽网状内皮组织增生病病毒的分离鉴定 [J]. 中国畜禽传染病, 1988, 1-2.

[101] 杜元钊, 吴延功. 从表现腺胃炎的病鸡中分离到 1 株网状内皮增生症病毒 [J]. 中国兽医学报, 1999, 19 (5)：434-436.

[102] 何勇群, 张中直, 杨汉春. 北京地区鸡群网状内皮组织增殖病感染的血清学调查研究 [J]. 畜牧兽医学报, 1998, 29：71-77.

[103] 崔治中. 鸭群中 REV 感染的流行病学调查 [J]. 微生物学报, 2008, 48 (4)：514-519.

[104] 崔治中, 孟珊珊, 姜世金, 等. 我国白羽肉用型鸡群中 CAV、REV 和 REOV 感染状况的血清学调查 [J]. 畜牧兽医学报, 2006, 37 (2)：152-157.

[105] 崔治中, 孙淑红, 王辉, 等. 鸡群中马立克氏病毒、J-亚群白血病毒和网状内皮增生病毒的多重感染 [A]. 中英家禽肿瘤病理及肿瘤病毒研讨会 [C]. 山东农业大学, 2009.

[106] 姜世金, 孟珊珊, 崔治中, 等. 我国自然发病鸡群中 MDV、REV 和 CAV 共感染的检测 [J]. 中国病毒学, 2005, 20：164-167.

[107] 秦立廷, 高玉龙, 潘伟, 等. 我国部分地区蛋鸡群 ALV-J 及与 REV、MDV、CAV 混合感染检测 [J]. 中国预防兽医学报, 2010, 32 (2): 90-93.

[108] 邓小芸, 祁小乐, 高玉龙, 等. 禽网状内皮组织增生症流行现状及检测技术研究进展 [J]. 动物医学进展, 2010 (009).

[109] Larose R. N., and Sevoian M. Avian lymphomatosis. IX. Mortality and serological response of chickens of various ages to graded doses of T strain [J]. Avian Dis, 1965, 9 (4): 604-610.

[110] Motha MXJ, Egerton JR, Sweeney AW. Some evidence of mechanical transmission of reticuloendotheliosis virus by mosquitos [J]. Avian Disease, 1984, 28: 858-867.

[111] Paul PS, Johnson KH, Pomeroy KA, et al. Experimental transmission of reticuloendothelios is in turkeys with the cell culture propagated reiculoendotheliosis viruses of turkey origin [J]. Joumal of the National Cancer Institute, 1977, 58: 1 819-1 824.

[112] Witter RL, Johnson DC. Epidemiology of reticuloendotheliosis virus in broiler breeder flocks [J]. Avian Dis, 1985, 29: 1 140-1 154.

[113] Humphries EH, Zhang G. V-rel and C-rel modulate the expression of both bursal and non-bursal antigens on avian B-cell lymphomas. Current Topics in Microbiology and Immunology [J]. 1992, 182: 475-483.

[114] Bagust TJ, Grimes TM, Ratnamohan N. Experimental infection of chickens with an Australian strain of reticuloendotheliosis virus 3 Persistent infection and transmis-

sion by the adult hen［J］. Avian Patholoy, 1981, 10：375-385.

［115］ Peterson DA, Levine AS. Avian reticuloendotheliosis virus（strainT）Ⅳ Infectivity and transmissibility in day-old cockerels［J］. Avian Disease, 1971, 15：874-883.

［116］ Yuasa N, Yoshida I, Taniguchi T.Isolation of a reticuloendotheliosis virus from chickens inoculated with Marek's disease vaccine［J］. Natl.Inst.Anim.Health. Q, 1976, 16：141-151.

［117］ 吉荣, 崔治中, 王锡乐, 等. 分子克隆化禽网状内皮组织增生症病毒传染性及其前病毒全基因组序列研究［J］. 病毒学报, 2005, 21（6）：448-455.

［118］ 王建新, 崔治中, 张纪元, 等.J 亚群禽白血病病毒与禽网状内皮增生症病毒共感染对肉鸡生长和免疫功能的抑制作用［J］. 兽医大学学报, 2003, 23（3）：211-213.

［119］ 张志, 崔治中, 姜世金, 等. 鸡肿瘤病料中马立克氏病病毒和禽网状内皮组织增生症病毒共感染的研究［J］. 中国预防兽医学报, 2003, 25（4）：274-278.

［120］ 吉荣, 段素华. 免疫抑制鸡群鸡传染性贫血病毒和网状内皮增生症病毒共感染检测［J］. 中国兽药杂志, 2001, 35（4）：1-3.

［121］ 张志, 庄国庆, 孙淑红, 等. 禽网状内皮组织增生病病毒和马立克氏病病毒共感染对鸡的致肿瘤作用［J］. 畜牧兽医学报, 2005, 36（1）：62-65.

［122］ 成子强, 张玲娟, 刘杰, 等. 蛋鸡中发现 J 亚群白

血病与网状内皮增生症自然混合感染 [J]．中国兽医学报，2006，26（6）：586-590.

[123] 张志，崔治中，姜世金．从 J 亚群禽白血病肿瘤中检测出禽网状内皮组织增生症病毒 [J]．中国兽医学报，2004，24（1）：10-13.

[124] 金文杰，崔治中，刘岳龙，等．传染性法氏囊病病料中 MDV、CAV、REV 的共感染检测 [J]．中国兽医学报．2001，1：6-9.

[125] Cui ZZ, Sun SH, Zhang Z, et al. Simultaneous endemic infections with subgroup J avian leukosis virus and reticuloendotheliosis virus in commercial and local breeds of chickens [J]. Avian Pathol. 2009a, 38（6）：443-448.

[126] Bagust TJ, Grimes TM, Dennett DP. Infection studies on a reticuloendotheliosis virus contaminant of a commercial Marek's disease vaccine [J]. Aust.Vet.J.1979, 55：153-157.

[127] Cui Z, Zhuang G, Xu X, et al. Molecular and biological characterization of a Marek's disease virus field strain with reticuloendotheliosis virus LTR insert [J]. Virus Genes, 2010, 40（2）：236-243.

[128] Davidson I, Borenshtain R. In vivo events of retroviral long terminal repeat integration into Marek's disease virus in commercial poultry：detection of chimeric molecules as a marker [J]. Avian Dis. 2004, 45：102-121.

[129] Sun AJ, Xu XY. Petherbridge L, et al. Functional evaluation of the role of reticuloendotheliosis virus long terminal repeat（LTR）integrated into the genome of a

field strain of Marek's disease virus ［J］. Virology. 2009, 11: 17-23.

［130］ Witter RL, Purchase HG, Burgoyne GH. Peripheral nerve lesions similar to those of Marek, s disease in chickens inoculated with reticuloen – dotheliosis virus ［J］. Journal of the National Cancer Institute, 1970, 45: 567-577.

［131］ Isfort R, Jones D, Kost R. , et al. Retrovirus insertion into herpesvirus in vitro and in vivo ［J］. Proc Natl Acad Sci. 1992, 89: 991-995.

［132］ Jones D, Isfort R, Witter R, et al. Retroviral insertions into a herpesvirus are clustered at the junctions of the short repeat and short unique sequences ［J］. Proc Natl Acad Sci. 1993, 90: 3 855-3 859.

［133］ Biswas S K, Jana C, Chand K, et al. Detection of fowl poxvirus integrated with reticuloendotheliosis virus sequences from an outbreak in backyard chickens in India ［J］. Vet Ital, 2011, 47: 147-153.

［134］ Diallo IS, Mackenzie MA, Spradbrow PB, et al. Field isolates of fowlpox virus contaminated with reticuloendotheliosis virus ［J］. Avian Pathol. 1998, 27: 60-66.

［135］ Tadese T, Reed W M. Detection of specific reticuloendotheliosis virus sequence and protein from REV–integrated fowlpox virus strains ［J］. Journal of Virological Methods, 2003, 110 (1): 99-104.

［136］ Kim T J, Tripathy D N. Reticuloendotheliosis virus integration in the fowl poxvirus genome: not a recent event ［J］. Avian Diseases, 2001: 663-669.

[137] Singh P, Schnitzlein WM, Tripathy DN. Reticuloen do the liosis virus sequences within the genomes of field strains of fowlpox virus display variability [J]. J Virol. 2003, 77 (10): 5 855-5 862.

[138] Takagi M, Ishikawa K, Nagai H, et al. Detection of contamination of vaccines with the reticuloendotheliosis virus by reverse transcriptase polymerase chain reaction (RT-PCR) [J]. Virus Research, 1996, 40 (2): 113-121.

[139] Tadese T, Fitzgerald S, Reed W M. Detection and differentiation of reemerging fowlpox virus (FWPV) strains carrying integrated reticuloendotheliosis virus (FWPV - REV) by real - time PCR [J]. Vet Microbiol, 2008, 127: 39-49.

[140] Fadly AM, Garcia MC. Detection of reticuloendotheliosis virus in live virus vaccines of poultry [J]. Dev Biol (Basel), 2006, 126: 301-305.

[141] García MN, Narang N, Reed WM, et al. Molecular characterization of reticuloendotheliosis virus insertions in the genome of field and vaccine strains of fowl poxvirus [J]. Avian Dis. 2003, 47: 343-354.

[142] Sun A, Xu X, Petherbridge L, et al. Functional evaluation of the role of reticuloendotheliosis virus long terminal repeat (LTR) integrated into the genome of a field strain of Marek's disease virus [J]. Virology, 2010, 397 (2): 270-276.

[143] Liu Q, Zhao J, Su J, et al. Full genome sequences of two reticuloendotheliosis viruses contaminating commercial

Vaccines［J］. Avian Dis. 2009, 53：341-346.

［144］ Hertig C, Coupar BE, Gould AR, et al. Field and vaccine strains of fowlpox virus carry integrated sequences from the avian retrovirus, reticuloendotheliosis virus ［J］. Virology. 1997, 235：367-376.

［145］ 丁家波, 崔治中, 于立娟. 含有禽网状内皮组织增生病病毒基因组片段的天然重组禽痘病毒的研究 ［J］. 微生物学报, 2004, 44：588-592.

［146］ 于立娟, 崔治中. 禽痘疫苗病毒中网状内皮组织增生病病毒 5' LTR 整合位点序列分析 ［J］. 微生物学报, 2006, 46：660-662.

［147］ Zhang Z, Cui ZZ. Isolation of reeombinant field strains of Marek's disease virus integrated with retieuloendotheliosis virus genome fragments ［J］. Science in China Sciences, 2005, 48：81-88.

［148］ Hauck R, Prusas C, Hafez HM, et al. Serologic response against fowl poxvirus and reticuloendotheliosis virus after experimental and natural infections of chickens with fowl poxvirus ［J］. Avian Dis. 2009, 53 (2)：205-210.

［149］ 崔治中. 禽反转录病毒与 DNA 病毒间的基因重组及其流行病学意义 ［J］. 病毒学报, 2006, 22：150-154.

［150］ Fadly A. M. and Nair V. Leukosis/Sarcoma Group. In：Diseases of Poultry. 12th ed. Saif Y. M. , Fadly A. M. , Glisson J. R, et al. eds. Blackwell Publishing, Ames, 2008. 514-568.

［151］ Coffin J. M., Hughes S. H., & Varmus H. E. Retroviral

参考文献

pathogenesis in retroviruses. Cold Spring Harbor Laboratory Press, 1997.

[152] Payne L N. HPRS-103: a retrovirus strikes back. The emergence of subgroup J avian leucosis virus [J]. Avian Pathol, 1998, 27 (1): 36-45.

[153] Astrin, S. M. Endogenous viral genes of the white leghorn chicken: common site of residence and sites associated with specific phenotypes of viral gene expression [J]. Proceedings of the National Academy of Science, USA. 1978, 75: 5 941-5 945.

[154] Crittenden, L. B. , Kung, H. J. Mechanisms of induction of lymphoid leukosis and related neoplasms by avian leukosis viruses [J]. In J. M. Goldman and J. O. Jarrett (Eds.) Mechanisms of viral leukaemogenesis, 1984. 64.

[155] Vogt VM. Primary structure of p19 species of avian sarcoma and leukosis virus [J]. J Virol, 1985, 56: 31-39.

[156] Duff, R. G. , Vogt, P. K. Characteristics of two new avian tumor virus subgroups [J]. Virology, 1969, 39: 18-30.

[157] Hanafusa, H. Etiology- viral carcinogenesis. In F.F. Becker (Ed.), Cancer: A Comprehensive Treatise, 1975, 2, 49-90. New York: Plenum.

[158] Bova C. A. , Manfredi J. P. , & Swanstrom R. env genes of avian retroviruses: nucleotide sequence and molecular recombinants define host range determinants [J]. Virology, 1986, 152 (2): 343-354.

[159] Sandelin K. , & Estola T. Occurrence of different sub-

group of avian leucosis virus in Finnish poultry [J].
Avian Pathol, 1974, 3, 159-168.

[160]　Sandelin, K. , Estola, T. Chicken leukosis virus and
its occurrence in Finland [J]. Scandinavian Journal of
Clinal and Laboratory Investigation, 1973, 31 (suppl
130), 33.

[161]　Fadly A. M. , Smith E. J. Isolation and some character-
istics of a subgroup J－like avian leukosis virus
associated with myeloid leukosis in meat－type chickens
in the United States [J]. Avian Dis, 1999, 43,
391-400.

[162]　Payne L. N. Biology of avian retroviruses. In J. Levy
(ed.). The retriviridae, vol 1. Plenum Press, New
York, 1992, 299-404.

[163]　Payne L. N. Developments in avian leucosis research [J].
Leukemia, 1992, 6 (3): 150-152.

[164]　Payne L. N. , Howes K. , & Gillespie A. M. Host range
of Rous sarcoma virus pseudotye RSV (HPRS-103) in
12 avian species: support for a new avian retrovirus
*gp85*elope subgroup [J]. J Gen Virol, 1992, 73 (2):
995-997.

[165]　Payne, L. N. , Brown, S. R. , Bumstead, N. , Howes,
K. , Frazier, J. A. and Thouless, M. E. 1991. A novel
subgroup of exogenous avian leukosis virus in chickens
[J]. J. Gen. Virol. 72: 801-807.

[166]　Bai J. , Howes K. , Payne L.N, & Skinner M.A.Sequenes
of host－range determinants in the env gene of a full－
length, infectious proviral clone of exogenous avian

leukosis virus HPRS-103 eonfirms that it represents a new subgroup (designated J) [J]. J Gen. Virol, 1995, 76, 181-187.

[167] Bai, J. , Payne, L. N. and Skinner, M. A. HPRS - 103 (exogenous avian leukosis virus, subgroup J) has an env gene related to those of endogenous elements EAV-0 and E51 and an E element found previously only in sarcoma viruses [J]. J. Virol. 69, (1995). 779-784.

[168] 杜岩, 崔治中, 秦爱建, 等. 从市场商品肉鸡中检出J亚群禽白血病病毒 [J]. 中国家禽学报, 1999, 3 (1): 1-4.

[169] Xu B. R. , Dong W. X. , Yu C. M. , et al. Occurrence of avian leukosis virus subgroup J in commercial layer flocks in China [J]. Avian Pathol, 2004, 33 (1): 13-17.

[170] 成子强, 张利, 刘思当, 等. 中国麻鸡中发现禽J亚群白血病 [J]. 微生物学报, 2005, 45 (4): 584-586.

[171] Sun S H, Cui Z Z. Epidemiological and pathological studies of subgroup J avian leukosis virus infections in Chinese local "yellow" chickens [J]. Avian Pathology, 2007, 36 (3): 221-226.

[172] 李宏民, 刘蒙达, 孙洪磊, 等. 芦花鸡J亚群白血病的综合诊断 [J]. 中国家禽, 2010, 32 (20): 50-52.

[173] Sun Honglei, Qin Mei, Xiao YiHong, Yang Feng, Ni Wei, Liu Sidang. Haemangiomas, leiomyosarcoma and

myeloma caused by subgroup j avian leukosis virus in a commercial layer flock ［J］. Acta Veterinaria Hungarica 58（4）, pp. 441-451（2010）.

［174］ Cui Z Z, Sun S H, Zhang Z, Meng S S. Simultaneous endemic infections with subgroup J avian leukosis virus and reticuloendotheliosis virus in commercial and local breeds of chickens ［J］. Avian Pathology, 2009, 38 （6）: 443-448.

［175］ 张洪海, 刘青, 邱波, 等. 地方柴鸡中 J 亚群禽白血病与马立克氏病的混合感染 ［J］. 畜牧兽医学报, 2009, 40（8）: 1 215-1 221.

［176］ 李艳, 崔治中, 孙淑红. 黄羽肉鸡 J 亚群白血病病毒的分子生物学特性和致病性 ［J］. 病毒学报, 2007, 23（3）: 207-211.

［177］ Venugpoal K, Smith L M, Howes K, et al. Antigenic variants of J subgroup avian leukosis virus: sequence analysis reveals multiple changes in env gene ［J］. J Gen Virol, 1998, 79: 757-766

［178］ Ruddell A. Transcription regulatory elements of the avian retroviral long terminal repeat ［J］. Virology, 1995, 206, 1-7.

［179］ Young J. A. T. Avian leukosis virus-receptor interactions ［J］. Avian pathol, 1998, 27, 21-25.

［180］ B. W. 卡尔尼克主编, 高福, 苏敬良主译. 禽病学（第 10 版）［M］. 北京: 中国农业出版社, 1999. 334-381.

［181］ Ruddell A. Transcription regulatory elements of the avian retroviral long terminal repeat ［J］. Virology, 1995,

206：1-7.

[182] Zachow K. R. , & Conklin K. F. CArG, CCAAT, and CCAAT-like protein binding sites in avian retrovirus long terminal repeat enhancers [J]. J Virol, 1992, 66, 1 959-1 970.

[183] Aiyar A.D., Cobrinik Z, Ge. , Kung H.J., et al.Interaction between retroviral U5 RNA and the TPC loop of the tRNA Trp primer is erquired for efficient iniation of reverse transcription [J]. J Virol, 1992, 66, 2 464-2 472.

[184] Brown DW, BP Blais, HL Robinson. Long terminal repeat（LTR）sequences, env, and a region near the 5' LTR influence the pathogenic potential of recombinants between Rous - associated virus types 0 and 1 [J]. J Virol, 1988, 62.

[185] Hanzhang Lai a, b, Henan Zhang a, Zhangyong Ning et al, . Isolation and characterization of emerging subgroup J avian leukosis virus associated with hemangioma in egg-type chickens [J]. Vet. Microbiol. 2011, 37, 1-9.

[186] 王琦, 王永强, 康忠惠, 等. 蛋鸡 J 亚群禽白血病病毒 SD1009 分离株的分离鉴定及全基因组序列分析 [J]. 中国预防兽医学报 .2011, 33（8）：593-596.

[187] 吴晓平. 商品蛋鸡源 J 亚群禽白血病病毒分离株生物学特性研究 [D]. 扬州大学, 2010.

[188] 吴晓平, 秦爱建, 钱琨, 等. 致蛋鸡血管瘤 J 亚群禽白血病病毒 cDNA 全序列分析 [J]. 微生物学报,

2010 (9)：1 264-1 272.

[189] Chesters P M, Smith L P, Nair V. E (XSR) element contributes to the oncogenicity of Avian leukosis virus (subgroup J) [J]. Journal of General Virology, 2006, 87 (9)：2 685-2 692.

[190] Tsichlis P.N., Donehower L., Hager G., et al.Sequence comparison in the crossover region of an oncogenic avian retrovirus recombinant and its nononcogenic parent：genetic regions that control growth rate and oncogenic potential [J]. Mol Cell Biol, 1982, 2, 1 331-1 338.

[191] 杨玉莹, 叶建强, 赵振华. J亚群禽白血病病毒的分离与鉴定 [J]. 中国病毒学, 2003.

[192] Wu, X. P., Qian, k., Qin, A. J., Shen, H. Y., Wang, P.P., Jin, W.J., Eltahir, Y. M. Recombinant avian leukosis viruses of subgroup J isolated from field infected commercial layer chickens with hemangioma and myeloid leukosis possess an insertion in the E element [J]. Vet. Res. Commun. 2010, 34, 619-632.

[193] Chesters P M, Howes K, McKay J C, et al. Acutely transforming avian leukosis virus subgroup J strain 966：defective genome encodes a 72-kilodalton Gag-Myc fusion protein [J]. Journal of virology, 2001, 75 (9)：4 219-4 225.

[194] Hu W Y, Bushman F D, Siva A C. RNA interference against retroviruses [J]. Virus research, 2004, 102 (1)：59-64.

[195] Pepinsky RB. Structure and processing of the p2 region of avian sarcoma and leukosis virus [J]. J Virol,

1986, 58: 50-58.

[196] Dupraz P. Analysis of deletions and thermosenstive mutation in Rous sarcoma virus gag protein10 [J]. J Virol, 1993, 67: 3 824-3 826.

[197] Landman W J M, Post J, Boonstra-Blom A G, et al. Effect of an in ovo infection with a Dutch avian leukosis virus subgroup J isolate on the growth and immunological performance of SPF broiler chickens [J]. Avian Pathology, 2002, 31 (1): 59-72.

[198] Zhang Q, Zhao D, Guo H, et al. Isolation and identification of a subgroup A avian leukosis virus from imported meat - type grand - parent chickens [J]. Virologica Sinica, 2010, 25 (2): 130-136.

[199] Spencer J L, Chan M, Nadin-Davis S. Relationship between egg size and subgroup J avian leukosis virus in eggs from broiler breeders [J]. Avian Pathology, 2000, 29 (6): 617-622.

[200] Stedman N L, Brown T P. Body weight suppression in broilers naturally infected with avian leukosis virus subgroup J [J]. Avian Diseases, 1998, 43 (3): 604-610.

[201] Yun B, Li D, Zhu H, et al. Development of an antigen- capture ELISA for the detection of avian leukosis virus p27 antigen [J]. Journal of Virological Methods, 2013, 187 (2): 278-283.

[202] Dou W, Li H, Cheng Z, et al. Maternal antibody induced by recombinant *gp85* protein vaccine adjuvanted with CpG-ODN protects against ALV-J early infection in

chickens [J]. Vaccine, 2013, 31 (51): 6 144-6 149.

[203] Bai J., Howes K., Payne L. N, & Skinner M. A. Sequenes of host-range determinants in the env gene of a full-length, infectious proviral clone of exogenous avian leukosis virus HPRS - 103 eonfirms that it represents a new subgroup (designated J) [J]. J Gen. Virol, 1995, 76: 181-187.

[204] Boyce-Jacino M.T., O´Donoghue K. and Faras A.J.. Multiple complex families of endogenous retroviruses are highly conserved in the genus Gallus [J]. J Virol, 1992. 66 (8): 4 919-4 929.

[205] Bova-Hill C., Olsen J.C., Swanstorm R..Genetic analysis of the Rousarcoma virus subgroup D env gene: mammal tropism correlates with thetemperature sensitivity of gp85 [J]. J Gen Virol, 1991. 65: 2 073-2 080.

[206] Bova C. A., Olsen J. C., & Swanstrom R. The avian retrovirus env gene family: molecular analysis of host range and antigenic variants [J]. J Virol, 1988, 62 (1): 75-83.

[207] Bova, C.A., Manfredi, J.P., Swanstrom, R.Env genes of avian retroviruses: nucleotide sequence and molecular recombinants define hostrange determinants [J]. Virology, 1986, 152: 343-354.

[208] Venugopal K. K., Howes D. M., Flannery M. J. Isolation of acutely transforming subgroup J avian leucosis viruses that induce erythroblastosis and myelocytomatosis [J]. A-vian pathol, 2000, 29: 327-332.

[209] Chesters P. M., K. Howes, L. Petherbridge, S. Evans,

L. N. Payne, K. Venugopal. The viral envelope is a major determinant for the induction of lymphoid and myeloid tumours by avian leukosis virus subgroups A and J, respectively [J]. J Gen Virol, 2002. 83 (10): 2 553–2 561.

[210] Dorner A. J., Stoye J. P, and Coffin J. M. Molecular basis of host range variation in avian retroviruses [J]. J. Virol, 1985. 53: 32–39.

[211] Adkins H.B., Blacklow S.C., & Young J.A.Two Functionally distinct forms of a retroviral receptor explain the nonreciprocal receptor interference among subgroup B, D and E avian leukosis viruses [J]. Virol, 2001, 75, 3 520–3 526.

[212] Suitkovsky S., & Young J. A. T. Cell-specific viral targeting medited by a soluble retroviral receptor-ligand fusion protein [J]. Proc Natl Acad Sci, 1998, 95, 7 063–7 068.

[213] Yongbaek K., Thomas P. B., & Mary J. P. The effects of cyclophosphamide treatment on the pathogenesis of subgroup J avian leukosis virus (ALV-J) infection in broiler chickens with Marek's disease virus exposure [J]. J Vet Sci, 2004, 5 (1): 49–58.

[214] Buscaglia C, Del Barrio EI, Flamini MA. Proceedings of the International Symposium on ALV-J and Other Avian Retroviruses. Germany: Rauischolzhauzen, 2000, 177–180.

[215] Purchase HG, Okazaki W, Vogt PK, et al. Oncogenicity of avian leukosis viruses of different subgroups and of mu-

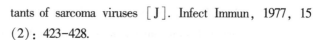

tants of sarcoma viruses [J]. Infect Immun, 1977, 15 (2): 423-428.

[216] Venugoal K. , Smith L. M. , Howes K. , et al. Antigenic variants of J subgroup avian leucosis virus: sequence analysis reveals multiple changes in env gene [J]. J Gen Virol, 1998, 79: 757-766.

[217] Schwartz D.E. , Tizard R. , Gilbert. Nucleotide sequence of Rous sarcoma virus. Cell, 1983, 32: 853-869.

[218] Guo W. , Winistorfer S. C. , & Stoltzfus C. M. Selective inhibition of splicing at the avian sarcoma virus src 3'splice sits by direct-repeat posttranscriptional elements [J]. J Virol, 2000, 74: 8 513-8 523.

[219] Russell P. H. , Ahmad K. , Howes K. , et al. Some chickens which are viramic with subgroup J leucosis virus have antibody-forming celling but no circulating antibody [J]. Res Vet Sci, 1997, 63 (1): 81-83.

[220] 高玉龙, 邵华斌, 罗青平, 等. 2009 年我国部分地区禽白血病分子流行病学调查 [J]. 中国预防兽医学报, 2010, 32 (1): 32-35.

[221] 张小桃, 卢受昇, 张贺楠, 等. J 亚群禽白血病病毒 SCAU-0901 株的分离鉴定 [J]. 中国兽医科学, 2009, 39 (08): 674-678.

[222] 刘超男, 高玉龙, 高宏雷, 等. J 亚群与 E 亚群禽白血病自然重组病毒的全基因组序列分析 [J]. 中国预防兽医学报, 2009, 31 (12): 978-981.

[223] 潘伟, 高玉龙, 孙芬芬, 等. 蛋鸡 J 亚群禽白血病病毒 HB09JY03 株的分离鉴定及其全基因序列分析 [J]. 中国兽医科学, 2010, 40 (11): 1 110-1 114.

[224] 管宏伟, 吴润, 刁小龙, 等. 兰州市及周边地区禽白血病病毒的分子流行病学调查 [J]. 中国兽医科学, 2013, 42 (12): 1 294-1 301.

[225] 林艳, 赵扬, 夏静, 等. 髓细胞瘤型 J 亚群禽白血病病毒四川株 SCGS-1 的分离鉴定及前病毒 cDNA 重组质粒的构建 [J]. 中国兽医学报, 2013, 33 (008): 1 190-1 195.

[226] 杭柏林, 尹丽萍, 孙薇薇, 等. J 亚群禽白血病病毒感染鸡的抗原和血清抗体变化规律 [J]. 中国家禽, 2013, 35 (002): 15-18.

[227] 李广兴, 杨婷, 潘龙, 等. 禽白血病 J 亚型病毒分离鉴定及其 *gp85* 基因克隆表达 [J]. 东北农业大学学报, 2013, 44 (6): 38-43.

[228] 曲悦. 蛋鸡 ALV-J 的分离鉴定及分子致瘤机制的研究 [D]. 山东农业大学, 2012.

[229] Wang Q, Gao Y, Wang Y, et al. A 205-nucleotide deletion in the 3′ untranslated region of avian leukosis virus subgroup J, currently emergent in China, contributes to its pathogenicity [J]. Journal of virology, 2012, 86 (23): 12 849-12 860.

[230] T akami S, Goryo M, Masegi T et al. Histopathological characteristics of spindle cell proliferative disease in broiler chicken and its experimental reproduction in specific pathogen-free chickens [J]. J Vet Med Sci, 2004, 66 (3): 231-235.

[231] Touoda T, Ochiaik K. Multiple perineuriomas in chicken (Gallus domesticus) [J]. Vet Pathol, 2005, 42 (2): 176-183.

[232] Ziqiang Cheng, Jianzhu LIU, Zhizhong CUI, Li ZHANG. Tumors Associated with Avian Leukosis Virus Subgroup J in Layer Hens during 2007 to 2009 in China [J]. J.Vet. Med. Sci. 72 (8): 2010, 1 027-1 033.

[233] Borenshtain R, Witter RL, Davidson I. Persistence of chicken herpesvirus and retroviral chimeric molecules upon in vivo passage [J]. Avian Disease, 2003, 47 (2): 296-308.

[234] Hair-Bejo M, Ooi PT and Phang WS. Emerging of avian leucosis subgroup J (ALV-J) infection in broiler chickens in Malaysia [J]. International Journal of Poultry Science, 2004, 3 (2): 115-118.

[235] 崔治中. 我国鸡群中免疫抑制性病毒多重感染的诊断和对策 [J]. 动物科学与动物医学, 2001, 4: 19-22.

[236] 李井春, 赵凤菊, 于学武, 等. 野鸟在禽流感流行病学中的作用研究进展 [J]. 中国畜牧兽医, 2010, 37 (7): 178-180.

[237] 高彦生, 王冲. 2006 年全球禽流感流行形势分析 [J]. 检验检疫科学, 2002, 16 (2): 3-8.

[238] 万冬梅, 代玉梅. 辽宁水鸟调查报告 [J]. 辽宁林业科技, 2002, 4: 21-23.

[239] Yang, H., et al., Identification of novel protein-protein interactions of Yersinia pestis type III secretion system by yeast two hybrid system [J]. PLoS One, 2013. 8 (1): p. e54121.

[240] Fields S, Song O A novel genetic system to detect protein-protein interactions [J]. Nature. 340; 245-246.

[241] Yang M., Wu Z., Fields S. Protein-peptide interactions analyzed with the yeast two-hybrid system. [J]. Nucleic Acids Res, 1995, 23, 1 152-1 156.

[242] Song, F. J. Arterial applied anatomy for the platysma myocutaneous flap [J]. Zhonghua Kou Qiang Yi Xue Za Zhi, 1989. 24 (1): p. 24-26.

[243] Yu H, Braun P, Yildirim MA, et al. High-quality binary protein interaction map of the yeast interactome network [J]. Science, 2008, 322: 104-110.

[244] Kittanakom S, Chuk M, Wong V, et al. Analysis of membrane protein complexes using the split-ubiquitin membrane yeast two-hybrid (MYTH) system [J]. Methods Mol Biol, 2009, 548: 247-271.

[245] Snider J, Kittanakom S, Damjanovic D, et al. Detecting interactions with membrane proteins using a membrane two-hybrid assay in yeast [J]. Nat Protoc, 2010, 5: 1 281-1 293.

[246] Smothers JF, Henikoff S, Carter P. Tech. Sight. Phage display. Affinity selection from biological libraries [J]. Science, 2002, 298: 621-622.

[247] Houshmand H, Bergqvist A. Interaction of hepatitis C virus NS5A with La protein revealed by T7 phage display [J]. Biochem Biophys Res Commun, 2003, 309: 695-701.

[248] Tajima K, Matsumoto N, Ohmori K, et al. Augmentation of NK cell-mediated cytotoxicity to tumor cells by inhibitory NK cell receptor blockers [J]. Immunol, 2004, 16 (3): 385-393.

[249] Andre S, Arnusch C J, Kuwabara I, et al. Identification of peptide ligands for malignancy and growth regulating galectins using random phage-display and designed combinatorial peptide libraries. [J]. Bioorg Med Chem, 2005, 13 (2): 563-573.

[250] 王晓艳. 鸡贫血病毒结构蛋白抗原表位研究及感染性克隆构建 [D]. 哈尔滨: 中国农业科学院, 2007.

[251] 祝仁发, 黄莉清, 何后军, 等. 噬菌体展示系统及筛选技术研究进展 [J]. 中国生物工程杂志, 2005: 23-26.

[252] Kato H, Takeuchi O, Mikamo-Satoh E, et al. Length-dependent recognition of double-stranded ribonucleic acids by retinoic acid-inducible gene-I and melanoma differentiation-associated gene 5 [J]. J Exp Med, 2008, 205: 1 601-1 610.

[253] Sidhu SS, Koide S. Phage display for engineering and analyzing protein interaction interfaces [J]. Curr Opin Struct Biol, 2007, 17: 481-487.

[254] Voss M, Lettau M, Janssen O. Identification of SH3 domain interaction partners of human FasL (CD178) by phage display screening [J]. BMC Immunol, 2009, 10: 53-63.

[255] Raicu V, Jansma DB, Miller RJ, et al. Protein interaction quantified in vivo by spectrally resolved fluorescence resonance energy transfer [J]. Biochem J, 2005, 385: 265-277.

[256] Kim J, Li X, Kang MS, et al. Quantification of protein

参考文献

interaction in living cells by two-photon spectral imaging with fluorescent protein fluorescence resonance energy transfer pair devoid of acceptor bleed-through [J]. Cytometry A, 2012, 81: 112–119.

[257] Buxton P, Zhang X M, Walsh B, et al. Identification and characterization of Snapin as a ubiquitously expressed SNARE-binding protein that interacts with SNAP23 in non-neuronal cells [J]. Biochemical Journal, 2003, 375, 15; 433–440.

[258] Starcevic M. , Dell 'Angelica E C. Identification of Snapin and three novel proteins (BLOS1, BLOS2 and BLOS3/reduced pigmentation) as subunits of biogenesis of lysosome-related organelles complex-1 (BLOC-1) [J]. Journal of Biological Chemistry. 2004, 279; 28 393–28 401.

[259] Rachel A Hunt, Wade Edris, Pranab K Chanda, et al. Snapin interacts with the N-terminus of regulator of G protein signaling 7 [J]. Biochemical and Biophysical Research Communications. 2003, 303; 594–599.

[260] Chou J L, Huang C L, Lai H L, et al. Regulation of Type VI Adenylyl Cyclase by Snapin, a SNAP25-bindingProtein [J]. The Journal of Biological Chemistry. 2004, 19: 279, 46 271–46 279.

[261] Carlyle J R, Jamieson A M, Gasser S, et al. Missing self-recognition of Ocil/Clr-b by inhibitory NKR-P1 natural killer cell receptors [J]. Proc Natl Acad Sci U S A, 2004, 9; 101 (10): 3 527–3 532.

[262] Suzuki F, Morishima S, Tanaka T, et al. Snapin, a

New Regulator of Receptor Signaling, Augments α1A-Adrenoceptor-operated Calcium Influx through TRPC6 [J]. The Jouranl of Biological Chemistry, 2007, 282; 29 563-29 573.

[263] Ao Shen, Ji Lei, Edwad Yang, et al. Human Cytomegalovirus Primase UL70 Specifically Interacts with Cellular Factor Snapin [J]. Journal of Virology, 2011, 85 (22); 11 732-11 741.

[264] Shi Bo, Huang Qi Quan, Tak Paul Peter, et al.SNAP-IN: an endogenous toll - like receptor ligand in rheumatoid arthritis [J]. Ann Rheum Dis.2012, 71; 1 411-1 417.

[265] Pratima Thakur1, David R, Stevens1, et al. Effects of PKA-Mediated Phosphorylation of Snapin on Synaptic Transmission in Cultured Hippocampal Neurons [J]. The Journal of Neuroscience, 2004, 24 (29); 6 476-6 481.

[266] Pan, P Y, Tian J H. , Sheng Z H. Snapin Facilitates the Synchronization of Synaptic Vesicle Fusion [J]. Neuron, 2009, 61; 3; 412-424.

[267] Carlyle J R, Jamieson A M, Gasser S, et al. Missing self-recognition of Ocil/Clr-b by inhibitory NKR-P1 natural killer cell receptors [J]. Proc Natl Acad Sci U S A, 2004, 9; 101 (10); 3 527-3 532.

[268] Cai Q, Lu L, Tian J H, et al. Snapin-Regulated Late Endosomal Transport Is Critical for EfficientAutophagy-Lysosomal Function in Neurons [J]. Neuron, 2010, 68-1; 73-86.

[269] Buxton P, Zhang X M, Walsh B, et al. Identification and characterization of Snapin as aubiquitously expressed SNARE – binding protein that interacts with SNAP23 in non-neuronal cells [J]. Biochemical Journal, 2003, 375, 15; 433-440.

[270] Gange C T, Quinn J M, Zhou H, et al. Characterization of sugar binding by osteoclast inhibitory lectin [J]. J Biol Chem. 2004, 279; 29 043-29 049.

[271] Shi Bo, Huang Qi Quan, Tak Paul Peter, et al. SNAPIN: an endogenous toll – like receptor ligandin rheumatoid arthritis [J]. Ann Rheum Dis. 2012, 71; 1 411-1 417.

[272] Wolff S, Stöter, Giamas G, et al. Casein kinase 1 delta (CK1δ) interacts with the SNARE associated protein Snapin [J]. FEBS Letters, 2006, 50; 6 477-6 484.

[273] Rachel A Hunt, Wade Edris, Pranab K Chanda, et al. Snapin interacts with the N-terminus of regulator of G protein signaling 7 [J]. Biochemical and Biophysical Research Communications, 2003, 303; 594-599.

[274] Buxton, P., et al. Identification and characterization of Snapin as a ubiquitously expressed SNARE-binding protein that interacts with SNAP23 in non – neuronal cells. Biochem. J. 2003, 375; 433-440.

[275] Woon, H.G., G.M. Scott, K.L.Yiu, et al.Identification of putative functional motifs in viral proteins essential for human cytomegalovirus DNA replication [J]. Virus Genes, 2008, 37; 193-202.

[276] Bao, Y., J. A. Lopez, D. E. James, and W. Hunziker.

Snapin interacts with the Exo70 subunit of the exocyst and modulates GLUT4 trafficking [J]. J. Biol. Chem. 2008, 283: 324-331.

[277] Cai Q, Lu L, Tian J H, et al. Snapin-RegulatedLate Endosomal Transport Is Critical for Efficient Autophagy-Lysosomal Function in Neurons [J]. Neuron, 2010, 68-1; 73-86.

[278] Ao Shen, Ji Lei, Edwad Yang, et al. Human Cytomegalovirus Primase UL70 Specifically Interactswith Cellular Factor Snapin [J]. Journal of Virology, 2011, 85 (22); 11 732-11 741.

[279] SM Kinoshita, A Kogure, S Taguchi, et al. Snapin, Positive Regulator of Stimulation-Induced Ca2+ Release through RyR, Is Necessary for HIV-1 Replication in T Cells [J]. PloS one, 2014, 9 (1): e85324.

[280] Smith L M, Brown S R, Howes K, et al. Development and application of polymerase chain reaction (PCR) tests for the detection of subgroup J avian leukosis virus [J]. Virus Research, 1998, 54 (1): 87-98.

[281] Bohls R L, Linares J A, Gross S L, et al. Phylogenetic analyses indicate little variation among reticuloendotheliosis viruses infecting avian species, including the endangered Attwater's prairie chicken [J]. Virus Research, 2006, 119 (2): 187-194.

[282] Tsai W P, Copeland T D, Oroszlan S. Purification and chemical and immunological characterization of avian reticuloendotheliosis virus gag-gene-encoded structural proteins [J]. Virology, 1985, 140 (2): 289-312.

附　录

英文缩写	英文全称	中文名称
ALV-J	Avian leukosis Virus subgroup J	J 亚群禽白血病病毒
ALV	Avian　leukosis Viru	禽白血病病毒
ALV-A	Avian leukosis Virus subgroup A	A 亚群禽白血病病毒
ALV-B	Avian leukosis Virus subgroup B	B 亚群禽白血病病毒
ML	Myeloid Leukosis	骨髓白血病
MDV	Marek's Disease Virus	马立克氏病病毒
CIAV	chicken infectious anemia virus	鸡传染性贫血病毒
REV	Reticulo Endotheliosis Virus	禽网状内皮组织增生症病毒
CEF	Chicken Embryo Fibroblast	鸡胚成纤维细胞
IFA	Indirect Fluorescence Antibody Assay	间接免疫荧光反应
ELISA	Enzyme Linked Immuno Sorbent Assay	酶联免疫吸附试验
PCR	Polymerase Chain Reaction	聚合酶链式反应
RSV	Avian Sarcoma Virus	禽劳斯肉瘤病毒
Env	Envelope gene	囊膜糖蛋白基因
$gp85$	Glycoprotein 85	糖蛋白 $gp85$
gp37	Glycoprotein 37	糖蛋白 gp37
$TCID_{50}$	median tissue cμLture infective dose	半数细胞感染量
LTR	long terminal repeat sequence	长末端重复序列

（续表）

英文缩写	英文全称	中文名称
SPF	Specific pathogen free	无特定病原
rTM	Redundant transmembrane protein	多余的穿膜蛋白
SU	Surface protein	外膜蛋白
TM	Transmembrane protein	穿膜蛋白
Hr	Hypervariable region	高变区
Vr	Variable region	可变区
AD	Activation Domain	转录激活结构域
BD	Binding Domain	DNA 结合结构域
Co-IP	coimmunoprecipitation	免疫共沉淀技术
FITC	fluorescein isothiocyanate	异硫氰酸荧光素
MHC	major histocompatibility complex	主要组织相容性复合体
MCS	multiple cloning site	多克隆位点
ORF	open reading frame	开放阅读框
PAGE	Polyacrylamine gel electrophoresis	聚丙烯酰胺凝胶电泳
SDS	Saium daecyl sulphate	十二烷基磺酸钠
X-α-gal	5-bromo-4-chloro-3-indolyl-a-D-galactopyranoside	α-半乳糖苷酶
Y2H	yeast two-hybrid system	酵母双杂交系统

附　录

附录 B 载体图谱

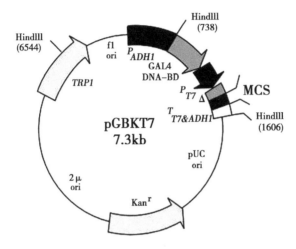

△ c–Myc epitope tag

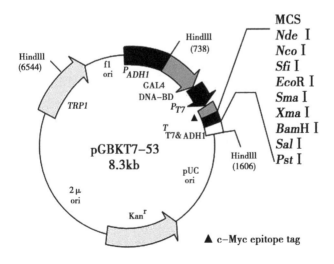

▲ c–Myc epitope tag